HARDER, BETTER,
FASTER, STRONGER

Erik Ringertz ist CEO von Netlight Consulting, einem IT-Beratungsunternehmen mit fast 1300 Mitarbeiterinnen und Mitarbeitern und insgesamt acht Niederlassungen. Er wurde mehrmals ausgezeichnet, unter anderem als CEO des Jahres und Diversity Leader. Erik Ringertz ist in München aufgewachsen und lebt heute mit seiner Familie in Stockholm. *Fredrik Emdén* ist ein renommierter Wirtschaftsjournalist mit den Schwerpunkten Management und Führung.

Erik Ringertz, Fredrik Emdén

HARDER, BETTER, FASTER, STRONGER

Führen ohne Hierarchie. Das Netlight-Prinzip der Un-Führung

Aus dem Schwedischen
von Britt-Marie Robrecht

Campus Verlag
Frankfurt/New York

Die Originalausgabe erschien erstmals 2018 unter dem Titel *Harder,
Better, Faster, Stronger – Nya idéer för morgondagens ledarskap* bei
Liber AB, Stockholm, Schweden.
© 2018 Erik Ringertz, Fredrik Emdén och Liber AB

Das Zitat aus Karin Boyes Roman *Kallocain* erfolgt mit freundlicher
Genehmigung durch die Verlagsgruppe Random House GmbH.
Die Rechte an der deutschen Übersetzung von Paul Berf liegen beim
btb Verlag, München, in der Verlagsgruppe Random House GmbH.

ISBN 978-3-593-51136-8 Print
ISBN 978-3-593-44290-7 E-Book (PDF)
ISBN 978-3-593-44291-4 E-Book (EPUB)

Copyright © 2019 Campus Verlag GmbH, Frankfurt am Main
Umschlaggestaltung: total italic, Thierry Wijnberg, Amsterdam/Berlin
Umschlagmotiv: © Netlight
Satz: Oliver Schmitt
Gesetzt aus der Minion Pro und der DIN Next LT Pro
Druck und Bindung: Beltz Grafische Betriebe GmbH, Bad Langensalza
Printed in Germany

www.campus.de

INHALT

»WÄHL DIE ROTE PILLE«

Once you free your mind about a concept of harmony and music being correct, you can do whatever you want. So nobody told me what to do, and there was no preconception of what to do.

Giorgio Moroder im Lied »Giorgio by Moroder« mit Daft Punk

Es scheint vielleicht so, als handele dieses Buch von einem IT-Consulting-Unternehmen, das Netlight heißt und über tausend Angestellte hat. Aber so ist es nicht. Oder doch, teilweise schon. Die Konzepte, die in diesem Buch vorgestellt werden, wurden im Rahmen dieses Unternehmens geboren. Dort wurden sie angewendet, weiterentwickelt und verfeinert. Aber im Grunde genommen geht dieses Buch der Frage nach, ob der Glaube an das Individuum gezwungenermaßen dazu führt, dass wir alle zu Individualisten werden. Man könnte leicht zu dieser Auffassung gelangen, wenn man sich anschaut, wie große Teile der Gesellschaft heute organisiert sind – nicht zuletzt Unternehmen und andere Betriebe. Eine zentralistische Führung widerspenstiger Individuen. Offenbar glauben wir, dass es nur eine Möglichkeit gibt, sich zu organisieren. Und wir erfinden ständig neue Wege, diese zu verfeinern und noch effektiver zu machen. Ein Grund dafür ist, dass wir Unternehmen im Kern als Maschinen betrachten. Selbst wenn wir das Organigramm mit einem Nudelholz platt rollen und die Pyramide einreißen und auf den Kopf stellen – wir betrachten Mitarbeiter immer noch als Zahnräder in einer Maschine.

Dieses Buch will zeigen, dass wir eine Wahl haben.

Im Film *Matrix* von 1999 stellt der Charakter Morpheus dem Protagonisten Neo eine entscheidende Frage. Morpheus ist der Anführer der Widerstandsbewegung, Neo ist sein Schüler und derjenige, von dem man denkt, dass er »der Auserwählte« sei. Derjenige, der die Welt retten solle. Doch bevor Neo in die Rolle des potenziellen Erlösers schlüpft, muss er sich entscheiden, ob er die blaue Pille oder die rote schluckt. Nimmt er die blaue Pille, geht alles so weiter wie bisher. Er kehrt zurück zu seinem Leben wie es vorher war. Wählt er jedoch die rote Pille, wird er die Welt sehen wie sie wirklich ist. Dann stellt sich alles, was er früher als wahr angenommen hat, als Illusion heraus, als Luftschloss! Nimmt er die rote Pille, gibt es kein Zurück. Seine Wahrnehmung des Daseins wird sich für immer verändern.

Neo wählt die rote Pille.

Die Botschaft dieses Buches ist, dass es mehrere Möglichkeiten gibt, ein Unternehmen zu organisieren als die allgemein verbreiteten. Und mehrere Arten menschlicher Zusammenarbeit. Es gibt mehr als flache Organisationen, Matrixorganisationen oder die so verhassten strikt hierarchischen Organisationen. Der Versuch, etwas zu organisieren, was sich eigentlich nicht organisieren lässt, hat viele und offensichtliche Nachteile. Dieses Buch handelt davon, wie man es auf andere Art und Weise angehen kann. Es plädiert dafür, seinen eigenen Weg zu beschreiten und das zu tun, was sich tief im Innersten am natürlichsten anfühlt.

PROLOG

Der Kalender zeigte das Jahr 2004. Der IT-Crash, die sogenannte Dotcom-Blase, hatte jeden erschüttert – vom Herausforderer wie boo.com bis zum Branchenriesen Ericsson. Diejenigen, die überlebt hatten, rappelten sich auf wackeligen Beinen wieder auf. Dazu gehörte auch das IT-Consulting-Unternehmen Netlight. Die halbe Firma war weg, die Gründer waren gezwungen gewesen, vielen ihrer Freunde zu kündigen. Das Unternehmen war traumatisiert, aber am Leben. In diesem Sommer versammelten sich die sieben Freunde, die die Firma wenige Jahre zuvor gegründet hatten, zu einer Strategiekonferenz. Der neu dazu gestoßene Vorstandsvorsitzende stellte ihnen zwei Fragen: »Was habt ihr euch eigentlich gedacht?« und: »Wie lange haltet ihr durch?« Das waren gute Fragen. Die Firmengründer hätten durchatmen und feststellen können, dass sie überlebt hatten. Sie hätten die Arme in die Luft reißen und jubeln können: »Ja, wir haben es geschafft«. Sie hätten darüber nachdenken können, ob sie Netlight weiterführen sollten oder ob es an der Zeit war, sich einen richtigen Job zu suchen, bevor sie zu alt dafür wurden. Das Einzige, was das Unternehmen hatte zustande bringen können, war durchzuhalten. »Schön, dass ihr überlebt habt, jetzt verkauft den ganzen Mist«, sagte jemand.

Die beiden Fragen, die der Vorstandsvorsitzende stellte, waren wichtig, weil sie die Gründer dazu zwang nachzudenken und zu entscheiden, was sie wollten. Doch eigentlich war es kein schwerer Entschluss. Sie waren noch nicht fertig mit Netlight. Sie hatten zu einem Marathon angesetzt, nicht zu einem Sprint. Es war nie die Absicht gewesen, alles aufzubauen und dann zu verkaufen. Keiner der Firmengründer wollte schnell Kohle machen und abhauen. Und sich mit einem anderen Unternehmen zusammenzuschließen, kam erst Recht nicht infrage, auch wenn es keinen Mangel an Interessenten gab. Eine der Firmen, die Interesse an Netlight zeigte, sagte »Okay, schade«, fusionierte stattdessen mit einem anderen Unternehmen und wuchs über Nacht auf hundert Personen. Da stand Netlight nun mit seinen zwanzig Mitarbeitern. Sie wollten sich aber auch keinen Börsenplatz durch den Kauf eines in Konkurs gegangenen börsennotierten Unternehmens ergattern, so wie es gewisse andere Konzerne taten. Als dann Das große IT-Unternehmen hereinspazierte und sagte: »Lasst uns einen Konzern bilden, ihr bekommt unsere Marke, und dann könnt ihr machen, was ihr wollt, ihr könnt ihr selbst sein«, stellte das eine reizvolle Versuchung für die Firmengründer dar. Doch es war eindeutig, dass Netlight und das andere Unternehmen sich auf unterschiedliche Weise entwickelten. Netlight wollte es auf seine eigene Art machen, keine Kompromisse eingehen. Deshalb lehnten sie das Angebot ab.

»Jetzt ist der Zeitpunkt gekommen *unser* Unternehmen aufzubauen«, sagten sich Netlights Gründer.

Was dies konkret heißen sollte, wussten sie allerdings noch nicht. Aber sie fühlten, dass Netlight etwas Besonderes war, und eben nicht so wie andere Beratungsunternehmen. Vielleicht hatte das auch mit ihrem Alter zu tun. Als sie die Firma 1999 gründeten, waren sie zwischen 24 und 28 Jahre alt. In diesem Alter ist es nicht selbstverständlich ausgerechnet eine eigene Consulting-Firma ins Leben zu rufen. Um eine solche zu betreiben, braucht man Erfahrung. Aber es ist auch kein Zufall, dass Erfahrung eben gerade kein Merkmal disruptiver Unternehmen ist und auch nicht ihr Fundament bildet. Es ist kein Zufall, dass Konzerne wie Facebook oder Google von Studenten gegründet wurden.

Netlights Geschäft waren Dienstleistungen in Spitzenbereichen der Technologie, das heißt Tätigkeit in einem Bereich, in dem *niemand* Erfahrung hatte. 1999 war dies synonym mit dem mobilen Internet. In der Verlängerung ging es um das, was man heute Digitalisierung nennt, also neue Geschäftsmodelle mithilfe neuer Technologie zu entwickeln. Netlight sollte stets in den Spitzenbereichen bekannter Technologien arbeiten, nicht einfach nach dem Motto: »Wir machen dieses und nur dieses«. Netlights Umgebung tat sich schwer damit, dieses Konzept zu verstehen. Man betrachtete es als verrückt. Man könne doch kein kleines Consulting-Unternehmen sein und gleichzeitig in alle Richtungen arbeiten. Normal war, dass man sich eine bestimmte Branche und ein Fachgebiet aussuchte und es für sich beanspruchte. Allgemein üblich war – und ist es immer noch – in festen Einheiten zu denken anstatt in beweglichen. Die Gründer beschlossen, dass Netlight nicht im Alten feststecken, sondern mit der technologischen Entwicklung gehen solle. Das erste Interview gaben sie schließlich der Fakultätszeitschrift für Wirtschaftsingenieurswesen der Königlich Technischen Hochschule in Stockholm, *iMage*. Auch das kein Zufall. Denn dort, im Studiengang für Wirtschaftsingenieurswesen an der KTH, waren sich die meisten der Firmengründer zum ersten Mal begegnet während der Studieneinführungswoche, in den Studentenverbindungen und in den Computersälen. Im Interview mit *iMage* erörterte einer der Gründer das mobile Internet und sprach über die sich in aller Munde befindliche Technologie WAP, die seinerzeit Netlights größten Kompetenzbereich darstellte. Er behauptete, dass das einzig wirklich sichere sei, dass ihre Firma nicht ewig mit dieser Technologie arbeiten würde, denn Technologien seien nicht dazu da, um zu bleiben. Das sei jedoch Netlight. Als Fünfundzwanzigjährige ohne Erfahrung waren sie gezwungen, sich auf ihre Talente zu verlassen. Alles basierte auf einer *Can-do*-Mentalität. Sie sprachen davon, ins kalte Wasser zu springen, um etwas zu schaffen, was noch keiner vor ihnen getan hatte. Sie konnten anspruchsvolle Probleme lösen – und damit ein Geschäft machen. Das Credo »Erfahrung ist gut, aber nicht alles« gab ihnen Selbstvertrauen – und sie machten sich bekannt mit dem »Talentmanagement«, wie man es später nennen sollte. Sie lernten auch, wie wichtig es war, sich auf andere verlassen zu können, wie wichtig Vertrauen ist, wenn es um Rekrutierung und Ablieferung geht. Die »Leitphilosophie«, die das Unternehmen heute prägt, wuchs zwar erst langsam über längere Zeit heran, aber es gab von Anfang an immer ein Zusammengehörigkeitsgefühl bei Netlight. Das geschah aus reiner Notwendigkeit heraus – sie hätten es nie geschafft, Ergebnisse zu liefern, wenn sie sich nicht gegenseitig geholfen hätten. Dieser Gedanke wurde mit der Zeit immer wichtiger: Die Firma sollte für jedes Projekt ihr gesamtes Wissen einbringen können. Die Firmengründer sahen schnell ein, dass Kultur, und nicht Struktur, das Wichtigste war und das Teilen von Wissen eine Verhaltens- und Einstellungsfrage.

Die ersten Jahre waren in vielerlei Hinsicht lehrreich. In ihnen bekamen viele Gedanken und Ideen der Firmengründer eine Chance zu reifen, sich zu entwickeln und in der Praxis getestet zu werden. Eine dieser Ideen, die später konkretere Formen annehmen würde, war die einer klaren Karriereleiter. Von Anfang an waren Karriere und persönliche Entwicklung wichtige Faktoren gewesen und einer der Gründe, weshalb sie das Unternehmen überhaupt gegründet hatten. Aber auf lange Sicht war »der Sprung ins kalte Wasser« nicht ausreichend als Führungsprinzip. Denn das »kalte Wasser«, verändert sich im Laufe einer Karriere immer wieder. Deshalb führten sie ein Mentoringsystem und transparente Beraterstufen ein, um die persönliche Entwicklung der Mitarbeiter sicherzustellen und zu strukturieren. Die Gründer lernten ebenfalls, dass man Muskelkraft braucht, um Visionen in die Tat umzusetzen. Wirtschaftliche Unabhängigkeit ist Voraussetzung für eine Vertrauenskultur, in der sowohl neue Mitarbeiter als auch neue Kunden mit Bedacht ausgewählt werden können. Nur so können gesunde, langfristige Beziehungen wachsen, die auf gegenseitiger Lust beruhen.

Im Herbst 2008, am Wochenende nach dem Lehman-Brothers-Kollaps, fuhr die gesamte Firma nach Paris, um Madonna spielen zu sehen. Madonna war zu Netlights Patin erkoren worden wegen ihrer Fähigkeit sich immer zeitnah ihrer Umwelt anzupassen. Der Flug war bezahlt und die Entscheidung getroffen, dass sie fliegen würden. Also flogen sie auch: »Um den Konjunkturrückgang kümmern wir uns am Montag«. Das Unternehmen Netlight war mittlerweile etabliert. Es wurde bald zehn Jahre alt. Doch die Erinnerungen an die harten Jahre nach dem IT-Crash waren noch immer frisch im Gedächtnis. Die frühere Crash-Erfahrung brachte Sorgen mit sich, aber auch Kampfgeist. Netlight war mittlerweile ein anderes Unternehmen und die Konjunkturflaute sollte es beweisen: »Wir werden es schaffen. Egal ob es drei Jahre dauert oder fünf, es wird uns nicht so hart treffen wie beim letzten Mal ...«

Man entschied sich, zu sparen. An allem, außer an Personal. Denn diejenigen, die ihre Mitarbeiter kündigen, sind diejenigen, die nicht einsatzbereit sind, wenn sich das Blatt wieder wendet. Administratives wurde auf ein Minimum gekürzt. Nur eine Person sollte sich damit beschäftigen. Das war eine kompromisslose Haltung. Innerhalb des Unternehmens sprach man von »klar Schiff machen«, darüber »den Ballast über Bord zu werfen« und »Überflüssiges abzuschaffen«. Alle Verträge und Abos wurden gekündigt, Handyverträge, Obstkörbe, Blumenpflege, Mietverträge – alles. Das Schlimmste, was passieren konnte war, dass die Hochkonjunktur zurückkehrte und man neue Blumen kaufen musste. »Übergewicht soll nicht dafür verantwortlich sein, dass wir sinken«, lautete die Devise.

Im selben Jahr, in dem die Welt eine der größten Finanzkrisen überhaupt erlebte, fand auf dem Consulting-Markt ein Massensterben statt. Doch Netlight wuchs um zwanzig Prozent. Zu diesem Zeitpunkt war der Markt für die Rekrutierung der beste der Welt. Kein anderer stellte ein. Plötzlich war Netlight das coole Unternehmen. Die Obstkörbe kamen zurück.

Netlights große Expansion wurde eingeleitet, und zwar nicht nur in Schweden, sondern auch international. Die Netlight-Kultur konnte sich unter anderem auf dem deutschen Arbeitsmarkt beweisen. Das Unternehmen fuhr neue Erfolge ein, wuchs schnell und wurde von der Zeitung *Dagens Industri* wiederholte Male als »Spitzenreiter« ausgezeichnet. Die Zeitung *Veckans Affärer* wählte Netlight zum »Superunternehmen«, da die Firma vier Jahre in Folge die an sie gestellten Ansprüche von Wachstum, Rentabilität und Kapitalerträgen erfüllte. Welches sollten die nächsten Schritte sein? Sollte die Firma noch schneller wachsen? Dieser Gedanke fühlte sich nicht sonderlich inspirierend an. All die Erfolge hatten ein Gefühl von Leere und Müdigkeit hinterlassen. Die Auszeichnungen waren ein Beweis für ihren Durchbruch – Netlight machte offensichtlich etwas richtig – aber das war nur Fassade nach außen. Das Interesse für das Unternehmen an sich war immer noch gering. Die Umwelt interessierte sich einfach nicht dafür. Vielleicht weil Netlight tief im Innersten weiterhin ein unsicheres Unternehmen war, ein trotziger Teenager in der Vorpubertät.

Jetzt wurde es aber erst recht spannend. Das Gefühl der Leere und Ausgezehrtheit leitete eine Transformation der Firma ein. Netlight fand immer mehr zu sich selbst – und plötzlich erwachte auch das Interesse der Umwelt für die Firma. Sie bekamen zwar weiterhin Preise, wurden jedoch jetzt auch für ihre Art der

Geschäftsführung und ihr Engagement als attraktiver Arbeitgeber in Schweden und Europa anerkannt. Netlight entwickelte sich nun richtig, nicht nur quantitativ, sondern auch qualitativ. Das Unternehmen wuchs in vielerlei Hinsicht, sowohl was die Anzahl seiner Mitarbeiter anging, als auch an Bekanntheit. Persönliche Entwicklung bedeutet nun nicht mehr bloß einen Schritt auf der Karriereleiter, sondern es ging um eine eigene innere Reise. Internationalisierung war keine Frage des Kulturimperialismus, sondern der Bereicherung von Netlights eigener Kultur mit neuen Anregungen.

Dieses Buch handelt von dieser Reise. Es beschreibt, wie sich die Vorstellung von einem aus sich selbst heraus wachsenden Unternehmen und natürlicher Führungsformen langsam entwickelt und zu einer Philosophie zusammengefügt haben, mit der man ein Unternehmen erfolgreich führen kann.

Heute hat Netlight über tausend Mitarbeiter in ganz Europa. Die gängige Interpretation von »organischem Wachstum« – also eigene Geschäfte zu entwickeln anstatt Unternehmen aufzukaufen – hat die Firma längst hinter sich gelassen. Heute geht es ihr darum herauszufinden, wie weit man den Begriff »organisch« eigentlich ausdehnen kann.

Kann sämtliche Entwicklung von innen heraus geschehen?

1.

VON INNEN NACH AUSSEN WACHSEN

»Organisation?«, sagt sie. »Wir streben keine Organisation an. Was organisch ist, muss nicht organisiert werden. Sie bauen von außen, wir werden von innen erbaut. Sie bauen mit sich selbst als Steinen und stürzen von außen nach innen ein. Wir werden von innen erbaut wie Bäume, und es wachsen Brücken zwischen uns, die nicht aus toter Materie und totem Zwang bestehen. Von uns geht das Lebendige hinaus. In sie geht das Leblose hinein.«

Karin Boye, Kallocain

Karin Boye schildert in ihrem Roman *Kallocain* von 1940 eine Gesellschaft, die von einem Weltstaat gesteuert wird, und in der Bürger kontrolliert und in Zellen organisiert werden. Die Mitbürger sind Zahnräder in einer Maschine, leicht zu leiten, leicht zu überwachen und leicht auszutauschen. Das Buch besteht aus dem Tagebuch der Hauptperson Leo Kall. Er ist Chemiker und hat die Droge Kallocain entwickelt, eine Art Wahrheitsserum, das die staatsfeindlichen Gedanken der Menschen enthüllen soll. Aber Leo beginnt die Souveränität des Staates infrage zu stellen und entwickelt schrittweise die Sehnsucht nach etwas anderem. Etwas, das jenseits von Überwachung und Kontrolle liegt. Großen Einfluss auf ihn hat ein Treffen mit einer Separatistin, die von einer Kraft spricht, die aus dem Inneren heraus wächst – so wie ein Baum.

Organisches Wachstum ist ein Schlagwort der Wirtschaft und bedeutet, aus eigener Kraft heraus zu wachsen anstatt durch Fusion oder Aufkauf.

Der amerikanische Autor und Managementguru Jim Collins, der unter anderem die Klassiker *Der Weg zu den Besten* und *Immer erfolgreich* geschrieben hat, hat ein ums andere Mal bewiesen, dass die Unternehmen, die langfristig erfolgreich waren, auch diejenigen waren, die organisch gewachsen sind. Scania und 3M sind nur zwei berühmte Beispiele, aber es gibt noch viele mehr. Eine systematische organische Entwicklung schafft keine schnellen Gewinne oder protzige Headlines, aber sie minimiert das Risiko negativer Überraschungen und verhindert Blasen, die unerwartet platzen können.

Trotz allem klingt diese Erklärung recht generisch. Wenden wir den Begriff »organisch« in anderen Zusammenhängen an, ist *Organisation* nicht das Erste, woran wir denken. Das, was organisch ist, braucht keine Organisation. Wir assoziieren eher etwas damit, was wächst, etwas Natürliches. Einen Baum zum Beispiel, der aus eigenem Antrieb heraus von innen nach außen wächst. Das gleiche gilt für den Begriff »Evolution«, das heißt Entwicklung, Veränderung, Anpassung. Derjenige, der Evolution und ihren Fortschritt spüren will, kann sich ein paar Gummistiefel schnappen und in den Wald gehen. Dort sieht man das Zusammenspiel der Bäume, die Verknüpfung zwischen ihnen und den anderen Pflanzen drum herum, zwischen den Tieren, dem Erdboden und allem anderen, woraus der Wald besteht – das große, komplexe, gemeinsame Ganze. Dieses System funktioniert offensichtlich.

Der Vergleich zwischen Evolution und Firmen wirft eine Reihe veralteter Vorstellungen von Strategie und Unternehmensentwicklung über den Haufen. Wenn die alte, klassische Perspektive von »außen und innen« – oder eher »oben und unten« – in Firmen angewandt wird, verfolgt die Geschäftsführung eine Strategie, die von einem Stab von Unternehmensentwicklern entworfen und konkretisiert wurde, bevor sie »den Boden« erreicht, wo die operative Arbeit ausgeführt wird. Die Folge ist oft, dass diesen Strategien der Realitätsbezug fehlt oder zumindest die Relevanz, sodass sie bei den Mitarbeitern auf taube Ohren stoßen, weil diese nicht das Gefühl haben, dass es sich um sie handelt.

Was geschieht, wenn man die Perspektive verändert, wenn man von innen nach außen aufbaut? Dann werden Strategie und Unternehmensentwicklung ein integraler Bestandteil jeder Handlung und des eigenen Bewusstseins. Diejenigen, die zur Arbeit gehen und sich als Teilhaber der Firma fühlen, obwohl sie das vermutlich aus wirtschaftlicher Sicht gesehen nicht sind, zeigen ein ganz anderes Engagement und einen Ansporn als diejenigen, die nicht das Gefühl haben Teil eines Ganzen zu sein. Die Mitarbeiter hingegen, die sich als Teil von etwas Größerem fühlen, mit dem sie etwas «Überlebensgroßes« erschaffen können, werden auch etwas Außergewöhnliches leisten.

Strategie ist die Antwort auf die Frage nach dem »Warum?«, Geschäftsfeldentwicklung auf die Frage nach dem »Was?« mit einer selbstverständlichen Verknüpfung zur Frage nach dem »Wie?« Organisches Wachstum macht Änderungsmanagement überflüssig. Veränderung geschieht von selbst. Etwas Neues und noch größeres entsteht. 1 plus 1 macht nicht 2, und auch nicht 3. Der Konzern erwacht zum Leben und etwas Magisches entwickelt sich.

So einfach sieht es, wie bekannt, jedoch selten aus. Schaut man sich an, wie die meisten Unternehmen heutzutage organisiert sind, kommt man leicht zu dem Schluss, dass eine mechanische Struktur leichter zu handhaben ist als eine organische. Aber wer hat entschieden, dass »organisches Wachstum« ausschließlich bedeutet, andere Firmen aufzukaufen oder eben auch nicht? Der Begriff umfasst mehr.

Was passiert, wenn man ein Unternehmen von innen heraus nach außen wachsen lässt und überzeugt davon ist, dass die Mitarbeiter das Unternehmen *sind*. Wie entwickelt sich eine Firma, wenn sie sich durch die Mitarbeiter verändert und nicht umgekehrt? Diese Sichtweise, erfordert Aufmerksamkeit und baut auf Networking, Anteilnahme, Zusammenarbeit und Kommunikation. Das organische Unternehmen kennt keine Grenzen, außer die der eigenen Mitarbeiter und deren Grenzen verschwimmen durch die Zusammenarbeit mit anderen. Zusammen können sie fast alle Probleme lösen, vor die sie gestellt werden. Ein solches Unternehmen befindet sich in einem Zustand ständiger Veränderung, aber es hat immer die Mitarbeiter auf seiner Seite und bleibt somit ständig relevant auf dem Markt. Dadurch wird organisches Wachstum zum Synonym für ewige Jugend.

Firmen, die aus nicht-organischen Bauklötzen gebildet wurden, riskieren hingegen leblos zu bleiben. Mitarbeiter in solchen Unternehmen sind auf das begrenzt, wozu sie programmiert und kontrolliert werden können.

Werkzeug in der Hand des Menschen – nicht umgekehrt

Von der Steinzeit bis zur Aufklärung waren Hammer oder Steinklingen Dinge in den Händen der Menschen. Sie waren Werkzeuge und Hilfsmittel, mit denen man das Leben und seine Herausforderungen bewältigen konnte. Das kreative Schaffen war Voraussetzung des Überlebens. Im Laufe der Zeit wurden die Werkzeuge fortschrittlicher und entwickelten sich schlussendlich zu Maschinen. Im Grunde blieben sie jedoch immer noch Werkzeuge, wenn auch bessere. Im Zusammenhang mit der Industrialisierung im 18. Jahrhundert, als die Entwicklung von Ackerbau- und Viehzucht zur Industriegesellschaft stattfand, geschah auch ein Umdenken in unseren Köpfen. Mittlerweile waren die Werkzeuge so weit fortgeschritten, dass die Menschen, die sie benutzten, in ihrem Schatten standen. Bei der Arbeit ging es immer weniger darum, den Alltag zu bewältigen, sondern vielmehr darum, auf die effektivste Weise Geld zu verdienen. Unternehmen wurde nach dem Muster von Maschinen gebaut, um effektiver zu werden – von der Armee über Behörden bis zu Wirtschaftsunternehmen.

Dieses Organisationsverständnis hat sich über 300 Jahre hinweg verfestigt. Es ist kein Wunder, dass sogar moderne Firmen sich als Werkzeug definieren, als komplexe, gut geölte Maschinen. Oder dass sogar

Menschen als Werkzeuge betrachtet werden, die man in Gruppen einteilen und wie seelenlose Gegenstände benutzen kann.

Es gibt nichts, dass die Firmen, die sich diesem Selbstbild verschrieben haben, dazu gezwungen hätte. Die Entscheidung wurde vom Unternehmen selbst getroffen. Es ist auch nicht zwangsweise so, dass alles Mechanische schlecht und alles Organische automatisch gut ist. Es gibt viele sehr erfolgreiche mechanistische Konzerne. Es ist aber wichtig sich bewusst zu machen, dass die Unternehmen, die wie eine Maschine strukturiert sind, und in denen die Mitarbeiter nicht mehr als Werkzeuge und Rädchen sind, diese Einstellung freiwillig gewählt haben. Es gibt Alternativen.

Organisch zu wachsen war ein frühes Mantra bei Netlight. Es wurde mit etwas Positivem verbunden, mit dem schmalen Grat im Gegensatz zum ausgetretenen Pfad. Innerhalb der Firma hatte sich mit der Zeit eine Vorliebe für rebellische Kompromisslosigkeit gebildet. Netlight musste sich nicht wie alle anderen verhalten. Alte Weisheiten stellten keine Wegweiser dar, derer man sich bedienen musste, nur weil die Konkurrenz es so machte. Je weiter Netlight auf dem schmalen Grat voranschritt, desto undenkbarer waren eine Umkehr und die Alternative, Unternehmen dazuzukaufen um zu wachsen. Die Firma organisch wachsen zu lassen, entpuppte sich außerdem als äußerst effektiv.

Wenn Netlight behauptet, *das Unternehmen seien*

die Menschen, bedeutet das nicht, dass Werkzeuge ihre Bedeutung verloren hätten. Für alle Organisationen, die in einer modernen Umgebung arbeiten, sind Werkzeuge immer noch wichtig – unabhängig davon, ob es sich um Maschinen handelt oder um Prozesse. Aber Werkzeuge spielen nicht die erste Geige. Es mangelt Netlight nicht an Prozessen, aber für die Firma sind Prozesse und Unternehmen nicht gleichwertig. Ebenso wenig sind es Methoden und Unternehmen. Netlight meidet keine Methoden, sondern betrachtet sie lediglich als Werkzeug in den Händen der Menschen.

Wie Ökonomie zur neuen Religion wurde

Um die Frage zu beantworten, warum das Bild von Unternehmen und Geschäftstätigkeit so aussieht wie es ist, müssen wir zurückgehen ins 18. Jahrhundert und in die Zeit der Aufklärung, in der große Sprünge in der Wissenschaft stattfanden. Damit einher ging die Säkularisierung, in der die Vernunft des Menschen einen höheren Status einnahm als Kirche und Religion, die wiederum ihren Einfluss auf die Menschen verlor. Im Namen der Aufklärung verneinte man religiöse Spiritualität in der westlichen Welt. Dies fiel zeitlich zusammen mit der Industrialisierung. Vor dem 18. Jahrhundert hatte niemand von Wachstum gesprochen, doch plötzlich erwachte diese Idee auf der ganzen Welt zum Leben. Es war der Beginn der Moderne.

Die Industrialisierung weckte auch die Faszination für Maschinen. Wir wurden wahnsinnig erfolgreich, als wir begannen, unsere Waren mithilfe von Maschinen zu produzieren. Maschinen wurden zu unseren Freunden. Mit Vergnügen versuchten die großen Denker dieser Zeit, Gesellschaft und Wirtschaft unter einen Hut zu bekommen, das Verhältnis zwischen den zusammenwirkenden Komponenten zu analysieren, zu unterscheiden zwischen Ursache und Wirkung. Adam Smith, einer der großen Sozialökonomen der Aufklärung, drückte es folgendermaßen aus:

> »Die menschliche Gesellschaft erscheint, wenn wir sie in einem gewissen abstrakten und philosophischen Lichte betrachten, wie eine große, ungeheure Maschine, deren regelmäßige und harmonische Bewegungen tausend angenehme Wirkungen hervorbringen.«

In der Konsequenz dieser Entwicklung veränderte sich die Arbeit insgesamt. Viele Menschen verließen Dörfer und Landwirtschaft für ein Leben in der Stadt und die Routinen der Fabrikarbeit. In der Hochzeit des »Taylorismus« entstanden zahlreiche Methoden, mit denen man die Arbeitsleistung der Fabrikangestellten messen und dadurch den Betrieb optimieren konnte. Dadurch erkannte man, dass es besser war, Maschinen die Arbeit ausführen zu lassen, die zuvor von Menschen erledigt wurde. Und reduziert man die Menschen zu Maschinen, ist es kein Wunder, wenn man zu dem Schluss kommt, dass Maschinen die Arbeit besser machen.

Die Modelle der Denker und Ökonomen des 18. Jahrhunderts hatten enormen Einfluss. Wir sprechen heute noch von »the economic man« (oder auch »Econ«), dem »Homo oeconomicus«, also einer rationellen Person, die ständig danach strebt ihren ökonomischen Wohlstand zu maximieren. Von diesem Grundgedanken ausgehend betreiben und organisieren wir immer noch unsere Unternehmen. Wir hinterfragen selten, ob das, was wir für die Wahrheit halten, nicht eigentlich veraltete Ideen sind, denen ein verzerrtes Bild des Menschen und seiner Motivation zugrunde liegt, und die deshalb ungesunde Arbeitsplätze schaffen.

Um die Jahrhundertwende überarbeitete die Wissenschaft ihre Modelle anhand der kognitiven Psychologie. Dieses Wissenschaftsgebiet nennt sich Verhaltensökonomik und sowohl Daniel Kahnemann (2002) als auch Richard Thaler (2017) erhielten dafür einen Nobelpreis. Kurz zusammengefasst geht es darum, dass die Menschen keine »Econs« sind, die rationelle Entscheidungen treffen, sondern ganz einfach lebende Menschen mit bedeutend komplexeren Bedürfnissen und Verhaltensmustern. Es entwickelte sich eine postindustrielle Theorie, bei der menschliche Bedürfnisse und natürliche Prozesse im Vordergrund standen.

Die Wirtschaft ist dort jedoch noch nicht angekommen. Sie hält stattdessen an den Modellen der Ökonomen des 18. Jahrhunderts fest. Obwohl viele sich darin einig sind, dass Führungskompetenz und Verhaltenswissenschaften miteinander verwandt sind, scheint dies bisher nicht für die Führung von Unternehmen zu gelten. Die alten Ideen sind so zähflüssig und langlebig, dass sie als unumstößliche Gesetze erscheinen. Der Gedanke vom Mensch als Maschine prägt immer noch das gesamte wirtschaftliche Denken, sogar bis hinein in den täglichen Sprachgebrauch. Es existieren eine ganze Reihe maschineller Begriffe. Man nehme zum Beispiel »Management by Objectives«, auf Deutsch Führen durch Zielvereinbarung, das ausdrückt, dass man an einem Ende etwas hineingibt und am anderen Ende kommt etwas Verändertes heraus. Oder »Human Resources«, das Humankapital, oder auch die Befehlskette? Durch Sprache werden veraltete Ideen und Strukturen transportiert – »das haben wir schon immer so gemacht und es ist nachweislich effektiv«. Es gilt als unseriös, nicht deutlich definierten Prozessen zu folgen und von oben nach unten zu führen, nicht genau so organisiert zu sein wie alle anderen, sich nicht nur auf Zahlen, Daten und Fakten zu verlassen, spezifische Ziele zu verfolgen oder auch nur darüber zu sprechen, dass man tatsächlich Spaß auf der Arbeit hat.

Beweglich sein in einer beweglichen Welt

Eine Frage, die im 21. Jahrhundert hitzig diskutiert wird, ist, wie sich sowohl Menschen als auch Organisationen gegenüber einer sich ständig verändernden Welt verhalten sollen. Es heißt, dass Zyklen kürzer, dass die Konsequenzen aus Geschehnissen immer unvorhersehbarer werden und dass Veränderungen in immer schnellerem Takt geschehen. Wir akzeptieren Veränderung sukzessive als Normalzustand. Zugleich wundern wir uns darüber, dass die Werkzeuge, derer wir uns bedienen, nicht mehr zu dieser Veränderung passen, dass wir nicht in der Lage sind, uns adäquat an die neuen Umstände anzupassen. Wir versuchen mit ein und demselben Hammer auf alle Situationen einzudreschen. Der Hammer ist uns wichtiger geworden als die Menschen und das Ziel. Und nicht nur das, wir erwarten, dass traditionelle Wege ein Unternehmen zu führen und Angestellte zu leiten auch in der Zukunft funktionieren werden. Manchmal wird das auch noch möglich sein, aber der Gedanke vom Unternehmen als Maschine hat sein Haltbarkeitsdatum schon lange überschritten.

Netlight weckt die Neugier der Umstehenden, aber die eigentlichen Fragen, auf die viele eine Antwort haben möchten sind: »Habt ihr nun Chefs oder nicht?«, »Habt ihr Hierarchien oder habt ihr keine?«, »Habt ihr ein Budget oder habt ihr kein Budget?« Dass diese Fragen überhaupt gestellt werden, ist bezeichnend. Diejenigen, die sie stellen, leben in einer Wirklichkeit, die von Chefs, Hierarchien und Budgets definiert wird. Ein Unternehmen zu führen, bedeutet für viele immer noch feste Rahmenbedingungen zu setzen, Dinge zu definieren, Strukturen und Hierarchien zu schaffen und Kästchen im Organigramm zu füllen. Dadurch, dass Dinge, die an einem Tag richtig waren und funktionierten am nächsten Tag plötzlich falsch sind, steigen bei ihnen Verwirrung und Frustration. Alles scheint in der Schwebe zu hängen, wenn sich die perfekt geölte Maschine nicht anpasst und stattdessen quietscht und rattert. Es liegt eine gewisse Logik darin: Maschinen sind fest an ihre Natur gebunden. Sie tun sich schwer, sich anzupassen. Wir können Hilfe von Managementberatern in Anspruch nehmen, ambitionierte Transformationsprojekte initiieren und besser darin werden Zyklen vorauszusehen. Doch trotz allem stecken wir in verhärteten Strukturen fest. Im besten Fall stehen wir mit einer neuen Maschine da, etwas Statisches in einer beweglichen Welt, ein neues Werkzeug, das bald seine Relevanz verloren haben wird. Wir arbeiten uns kaputt, um das Werkzeug an die entsprechenden Situationen anzupassen, bis es einfach nicht mehr länger geht.

Für diejenigen, die organisch sind, stellt sich dieses Problem nicht. Denn sie sind von Natur aus beweglich. »Survival of the fittest« handelte nie davon, dass der

Stärkste gewinnt, sondern um Anpassungsvermögen – davon, dass derjenige überlebt, der am besten in der Lage ist, sich an die Veränderungen der Umwelt anzupassen. Das ist die Definition vom Leben in Veränderung.

Wenn wir davon sprechen, dass ein Mensch gewachsen ist, dann meinen wir selten seine Länge oder sein Gewicht, zumindest nicht, wenn wir von jemandem reden, der kein Kind mehr ist, sondern es geht um die Entwicklung auf persönlicher Ebene. Darum, dass die Person etwas Neues gelernt und ihren Horizont erweitert hat, besser kommunizieren, zuhören, sich gegenüber anderen behaupten und zusammenarbeiten kann et cetera. Dieselben Gedanken kann man auf die Entwicklung eines Unternehmens übertragen. Organisches Wachstum ist in diesem Sinne eine Frage der Voraussetzungen, die geschaffen werden, damit die Mitarbeiter sich auf unterschiedlichste Weise weiterentwickeln können, sodass das Unternehmen in seiner Gesamtheit voran streben kann. An dieser Stelle haben sich die Maschinen festgefahren.

Ein Netlight

Es ist eine weit verbreitete Ansicht in traditionell wachsenden Unternehmen, dass es eine Obergrenze für die Größe einer Gruppe oder Abteilung gibt. Sobald die

Gruppe diese Grenze überschritten hat, kann man sie nur noch schwer steuern. Um die Nähe zwischen Mitarbeitern und einer stetig wachsenden und sich weiterentwickelnden Firma zu gewährleisten, muss man das Unternehmen in mehrere Gruppen unterteilen, die ihre eigenen Ziele, Budgets und Strategien definieren. Die Maschine wird in viele kleine Maschinenteile separiert. Das gilt genauso für sich schnell entwickelnde, innovative und unternehmerische Start-ups wie auch für schwerfällige Großunternehmen. Man kann sie beispielsweise nach Funktionen und in Geschäftseinheiten aufteilen oder auch bloß in Zellen, um eine gewisse Gruppenstärke beizubehalten. Es wird Nähe geschaffen auf Kosten eines größeren gemeinsamen Zusammenhalts. Nicht selten sind das Ergebnis Umstrukturierungen, Matrixorganisationen und funktionsübergreifende Prozesse, durch die man versucht, einen Zusammenhalt zu schaffen, der schon vor langem auseinandergerissen wurde.

Die Netlight-Gründer beschlossen, dass ihr Unternehmen so nicht wachsen sollte. Sie wollten *ein* Unternehmen sein und nicht in verschiedene Abteilungen getrennt werden. Es würde ihnen trotzdem gelingen zu wachsen, ohne alles in kleinere Untereinheiten aufbrechen zu müssen. Durch autonome Abteilungen würden Nähe und Zusammenhalt verloren gehen. Eine solche Struktur würde nicht zur Zusammenarbeit ermuntern, sondern eine Nicht-Gemeinschaft mit unproduktiven

Abteilungen schaffen, die nur darauf aus wären, ihre eigenen Interessen zu wahren.

Durch die Förderung des organischen Gedankens könnte man sowohl die Nähe der kleinen als auch den Zusammenhalt der großen Gruppen beibehalten. Die kleinste Einheit einer Firma ist das Individuum. Es musste doch Wege geben, ein Unternehmen von den Mitarbeitern ausgehend aufzubauen, und nicht durch den Aufbau einer Struktur im ersten Schritt, um dann die Leerstellen im Organigramm mit Menschen zu befüllen. Wenn die Organisation hingegen zu einem Netzwerk aus Menschen wird, kann man Nähe und Zusammenhalt beibehalten. Wenn die Organisation schon gezwungen ist sich aufzuteilen, dann sollten es aber minimale Stücke sein – wie bei einem Mosaik. Darin kann man eine größere Einheit aus den kleinsten Gruppen bilden, die aber nur im großen Gesamtzusammenhang existieren und nicht jede für sich selbst. Auf diese Art und Weise vermeidet man das Risiko der Bildung von Silos, die ein Eigenleben führen und nicht mit den anderen zusammenarbeiten. Bei Netlight gehört ein Individuum also nicht zu einer einzigen festen Gruppe und in einen einzigen festen Kontext, sondern zu vielen kleinen Gruppierungen im kleinsten Zusammenhang eines großen Ganzen.

Dieser Mosaik-Gedanke inspirierte Netlights Mentoringprogramm, in dem die Mitarbeiter für die Fortbildung ihrer Kollegen verantwortlich sind. Jede

Gruppe, die an einem gemeinsamen Projekt oder mit einem Kunden arbeitet, soll ein kleines holistisches Mikro-Netlight sein. Wenn eine Einheit von Mitarbeitern in einem bestimmten thematischen Kontext arbeitet, soll es möglich sein ein Netlight um sie herum zu bauen. So wie beim Bauen mit Lego, wo eine Handvoll Steine der Beginn von fast allem sein kann und wo es keine Fixsteine gibt, die die Richtung dessen vorgeben, was man erschaffen kann. Wenn man auf diese Weise seine Organisation betrachtet, erfordert dies zwangsläufig die Abwesenheit von Vorgesetzten im traditionellen Sinn. Das ist der Aspekt der Netlight-Führungsphilosophie, der die größte Aufmerksamkeit der Öffentlichkeit erfahren hat.

Bewusstsein und Anwesenheit

»Bereits nach der ersten Krise, als wir Netlight neu starteten, sprachen wir darüber, ein holistisches Unternehmen zu gründen, in dem ganz Netlight sich in jeder einzelnen Person wiederfinden sollte. Aber ›holistisch‹ ist ein strapazierter Begriff. Da ist ›Bewusstsein‹ ein viel besserer. Wenn alle sich des Wesens von Netlight bewusst sind, wenn sie Netlight verstehen, dann können sie aus diesem grundlegenden Verständnis heraus handeln. Das war unser organisatorischer Wunsch. Dieses Bewusstsein, diesen eigentlichen Kern des

Unternehmens, in jede Person zu pflanzen, war wichtiger als den Mitarbeitern Arbeitsanweisungen zu geben.

Die Idee ist, dass jeder dabei ist, dass alle sich als Teil des Ganzen fühlen. Wenn alle anwesend sind, müssen sie auch präsenter sein. Alle, nicht nur einige Wenige, sollen wissen, was vor sich geht (wenn sie nicht persönlich involviert sind) und das Gefühl haben, dass ihr Wissen und ihre Perspektive ernst genommen werden.

Das war einfach, als wir 30 Personen im Unternehmen waren. Da konnte man die Geschäfte gut überblicken und zusehen, dass jeder ein Teil von allem war. Als die Firma wuchs, gestaltete es sich komplizierter. Es wurde unfreiwillig hierarchischer, auch wenn es sich eher um eine Hierarchie von Perspektiven handelte. In einem größeren Unternehmen können nicht alle genau dieselben Informationen haben – das ist weder möglich, noch wünschenswert. Aber Präsenz kann trotzdem ein Leitstern sein. Keiner kann nur in seinem Elfenbeinturm sitzen und Strategien entwickeln. Sogar Personen mit tieferer oder weitreichenderer Perspektive müssen dort sein, wo die Dinge geschehen, sie müssen anwesend sein. Ansonsten kommt ihr Wissen und all das, was ihren Platz in der Hierarchie ausmacht, nicht zu seinem Recht. Anwesenheit sowie Bewusstsein haben eine praktische, aber auch eine tiefere Dimension, eine spirituelle Dimension. Das eine schließt das andere nicht aus.«

Wachsen ohne sich selbst zu verlieren

Zu behaupten, dass die Gründer Netlights von Anfang an ein klares Bild davon hatten, was organisches Wachstum, Bewusstsein und Anwesenheit für das Unternehmen in der Praxis bedeuteten, wäre vermessen. Ihre Ideen sind mit der Zeit gereift und die Erfahrung hat gelehrt, was besser und was nicht so gut funktioniert. Sie haben sich herangetastet, Dinge ausprobiert, überdacht, neu formuliert. Während der ersten Jahre sah die Organisation sogar recht traditionell aus. Die Firmengründer wollten nichts anderes, als dass Netlight so sein sollte wie andere Firmen. Sie wollten akzeptiert werden und bauten ein Luftschloss aus Organisationsstruktur. Jeder, der im Unternehmen arbeitete, bekam eine Rolle zugeteilt und einen wohlklingenden Titel – »Chief von was auch immer«. Zugleich herrschte jedoch große Unsicherheit darüber, was es eigentlich bedeutete, ein Unternehmen aufzubauen. »So macht man das wohl?«, dachten sie. Aber irgendetwas fühlte sich nicht richtig an und dieser Zweifel nagte an ihnen.

Die traditionelle, mechanistische Sichtweise, wie ein Unternehmen aufgebaut sein sollte, war ein ständiger Begleiter der Firma, mindestens zehn Jahre lang. Auch wenn die Gründer sich früh entschlossen, dass Netlight nicht Teil eines anderen Konzerns werden, sondern aus eigener Kraft wachsen sollte, so glich das Unternehmen lange den anderen Firmen auf dem Markt.

Äußerlich wirkten sie wie ihre Konkurrenten, aber das Streben nach dem eigenen Selbst rumorte im Kern der Firma – und tut es noch heute. Die Krux an Netlight war und ist existenziell. Deshalb sprach man schon früh von Authentizität als wichtigen Parameter für die Größe des Konzerns. Man sollte immer und überall von innen als auch von außen wiedererkennbar sein. Durch organisches Wachstum konnte man an dieser Authentizität festhalten.

Der Begriff »Wachstum« ist im wirtschaftlichen Zusammenhang ein üblicher. Dadurch wird Erfolg gemessen. Nach seinem Wachstum wird das Unternehmen beurteilt. Aber warum ist Wachstum so wichtig? Ist es, um Geld zu verdienen, um den Nationalökonom Milton Friedman zu zitieren, der behauptete, dass die wichtigste Aufgabe eines Unternehmens sei, maximalen Gewinn zu erzielen. Viele Firmeninhaber sind der Überzeugung, dass dies so ausgedrückt werden muss: »Wir müssen um so und so viel Prozent wachsen«. Und schon sind wir zurück beim Maschinen-Denken, in dem Mitarbeiter austauschbar sind.

Der Chef, der seine Mitarbeiter nicht nur als Rädchen in der großen Maschinerie sieht, muss in der Lage sein, seine Leute zu packen und ein Gefühl zu vermitteln. Für ein Unternehmen, das danach strebt »Nähe und Zusammenhalt« zu schaffen, wäre es am leichtesten gerade so groß zu verbleiben wie es noch geht. Also weiterhin 25 oder 30 oder vielleicht 50 Angestellte zu haben, um die ursprüngliche Gruppendynamik beizubehalten, in der die Mitarbeiter einander gut kennen und wissen, wie die Kollegen ticken. Aber das führt nur zu statischen Verhärtungen, die Erneuerungen im Weg stehen. Das Unternehmen verliert die Chance »ewig jung« zu bleiben, der natürliche Zufluss ins eigene Ökosystem verringert sich und versiegt am Ende ganz. Das Einzige, was in solch einem Unternehmen geschieht ist, dass Mitarbeiter älter und irrelevant werden, festgekettet wie sie nun mal sind an ihrer eigenen Wirklichkeit. Wachstum ist, mit anderen Worten ausgedrückt, eine Voraussetzung für Erneuerung und eine Bedingung dafür, dass eine Organisation relevant bleibt. Für Netlight ist Wachstum der Kraftstoff für Veränderung.

Während der ersten Jahre bestand Netlight aus den mehr oder minder gleichen Personen. Diese Gruppe war großartig darin, dem Kunden das abzuliefern, was die Firma versprochen hatte und sie taten dies mit großer Loyalität. Sie waren Mitarbeiter und Geschäftsmänner, die Verantwortung übernahmen. Jeder hatte Anteil an allen Entscheidungen. Grundeinstellung war, dass eine Person, die Geheimnisse hatte, den anderen das Leben unnötig schwer machte, während diejenigen, die sich um alle kümmerten, für sich selbst und andere alles erleichterten. Je mehr Zeit verging, desto mehr mussten diese Personen arbeiten. Die Anzahl der Aufträge wuchs und die Firma wurde immer komplexer. Nach einigen Jahren konnte man die Müdigkeit der Mitarbeiter deutlich spüren.

Es war ein klassisches wirtschaftliches Dilemma: Wenn alle im selben Tempo weiterarbeiteten, würden sie sich kaputt machen, ohne dass es einen größeren Nutzen hatte, weder in Bezug auf den Umsatz noch aufs Ergebnis. Man kann sich immer nochmal 10 Prozent mehr anstrengen und dann nochmal 10 Prozent drauf packen und nochmal 10 Prozent bis es am Schluss einfach zu viel ist. Die Firma musste sich auf die nächste Stufe begeben. Netlight brauchte eine Veränderung. Aber um diese Veränderung sichtbar zu machen und somit in die Realität umzusetzen, war auf einen Schlag eine Verdoppelung nötig. Netlight war gezwungen, sich auf mindestens 70 Mitarbeiter hoch zu katapultieren.

Dieses Manöver wurde in zwei Phasen umgesetzt. Innerhalb eines Jahres steigerte man die Anzahl der Mitarbeiter von 35 auf 70 und im Jahr danach ein weiteres Mal von 70 auf 150. Der erste Schritt war notwendig, damit sich keiner zu Tode arbeitete. Das Unternehmen war aber auch nicht größer als es sein musste, um die nächste Stufe zu erklimmen und sich eine neue Struktur zu geben.

Der zweite Schritt dahingegen führte zu neuen Erkenntnissen darüber, wie man dauerhafte kontinuierliche Veränderung erschafft. Dieser zweite Schritt erforderte ständige Punktlandungen und das Ohr am

Puls des Unternehmens und seiner Bedürfnisse, egal in welche Richtung es sich entwickelte. Eine organische Struktur war geboren – der Embryo einer Bewegung.

Kein Monument

Zehn Jahre nachdem die Netlight-Gründer sich dazu entschieden hatten, das Unternehmen organisch wachsen zu lassen, hatte es sich in vielerlei Hinsicht weiterentwickelt. Netlight hatte nicht mehr 20 Mitarbeiter, sondern 600. Viele von denen, die 2004 dabei gewesen waren, waren nicht mehr im Unternehmen. Eine neue Gruppe Personen bildete den Kern der Firma und betrieb sie weiter. Jetzt trafen sie sich, um zu entscheiden, was in Zukunft passieren sollte. Welchen Eindruck hatten sie von sich selbst, was wollten sie vermitteln, welcher Art Firma wollten sie angehören? Zehn Jahre zuvor hatten sie über das Unternehmen als »Monument« gesprochen. Die Firmengründer wollten etwas aufbauen, was Bestand hatte, worauf sie stolz sein konnten; etwas, das ihres war. Ein Denkmal. Die neue Gruppe brauchte jedoch eine neue Herangehensweise, eine neue Ausgangsposition. Die Idee von organischem Wachstum war so weit vorangeschritten, dass die Übernahme einer anderen Firma keine Alternative darstellte – wenn sie es überhaupt je gewesen war. Was dachte die neue Gruppe jetzt? Was war besagtes Monument für sie?

»Ich bin nicht der Meinung, dass es ein Monument sein soll. Ein Monument ist etwas Fixes. Netlight muss etwas Lebendiges sein, etwas Bewegliches«, sagte einer der Neuen in der Gruppe.

Und ja, ein Monument ist etwas Definitives. Es steht fest dort, wo es steht.

In diesem Augenblick entstand die Idee vom Unternehmen als einer Bewegung. Die Vorstellung, dass der Aufbau *an sich* die Schöpfung darstellt. Dass Netlight nichts Festes sein, kein Endziel haben sollte. War der Gedanke des organischen Wachstums zuvor ein Bestreben gewesen, wurde es jetzt als Vision definiert. Dass Netlight von innen nach außen wachsen sollte, wurde nun als Unternehmensphilosophie festgelegt. Evolutionäre Schritte, keine revolutionären, wurden zur selbstverständlichen Aufgabe. Damals nahm auch die Ideen der natürlichen Führung Form an.

Ein Ökosystem aus Wissen

Ist das Unternehmen eine Bewegung, bedeuten die Mitarbeiter, ihre Kompetenzen, Erfahrungen und Ansichten alles. Denn ohne Mitarbeiter gibt es keine Firma. Ohne dass sie sich treffen, zusammenarbeiten und ihr

Wissen miteinander teilen, entsteht keine Magie. Das Konzept des geteilten Wissens war nichts Fremdes für die Firmengründer. Es war von Anfang an Teil der Entwicklung gewesen. Man startete einen frühen Versuch, eine Wissensdatenbank aufzubauen, aber dies führte nur zu Erkenntnis, dass es unmöglich war. Das System mit dem Namen *Unified database of everything*, ein bewusster Verweis auf *Deep Thought* – den Computer, der in Douglas Adams Roman *Per Anhalter durch die Galaxis* auf die Frage nach »dem Leben, dem Universum und dem ganzen Rest« eine Antwort errechnet –, wurde schnell eingestampft. Es war vermessen, Wissen in ein festes System zu sortieren. Es musste um die Menschen gehen. Die Frage, die im Zentrum stehen sollte, war nicht »Was?«, sondern »Wer weiß?«

Wissen in einer organischen Firma zu teilen bedeutet, dass die Mitarbeiter ihr Wissen abgeben und dass jedes Individuum lernt, zum gebündelten Wissen des Unternehmens beizutragen. Das Wissen der Gruppe wird dadurch größer, als das Wissen der Summe von Individuen. Hierin liegt die Wettbewerbsfähigkeit der Organisation.

Kommunikation und Treffen sind entscheidend für das Teilen von Wissen. In der Praxis sah das bei Netlight so aus, dass sich die Mitarbeiter gegenseitig anriefen, einander halfen und einander Fragen stellten. Dass dies etwas Positives war, daran herrschte kein Zweifel, aber des eigentlichen Werts war sich die Firma nicht bewusst. Konnten sie das Teilen von Wissen irgendwie auf clevere Weise strukturieren? Sie begannen von »Wissenszellen« zu sprechen, um an den organischen Gedanken anzuknüpfen, und davon, als Netzwerk zu arbeiten. Die Idee war gut. Das zugrunde liegende Ziel war, dass das Wissen des Einzelnen vergrößert und für viele, am besten für alle, zugänglich gemacht werden sollte. Aber jedes Mal, wenn eine Zelle heranwuchs, kam es zu einer Diskussion über ihre Gestaltung: »Ist das hier eine richtige Zelle?«, »Wie soll eine Zelle aussehen?« Das Ganze war ein Paradebeispiel dafür, wie leicht es ist, sich an der Form aufzuhängen, daran, wie die Dinge sein sollen, und dafür, wie schwer es ist, sich vom Maschinendenken zu befreien.

Erst später verstand und akzeptierte Netlight, dass es das Gespräch war, der ständige Austausch miteinander, der das eigentliche Teilen von Wissen war. Über interne Kanäle wurden jeden Tag hunderttausende Mitteilungen versandt, in denen Menschen ihr Wissen miteinander teilten. Dieser Firmenschnack ist der Kern. Dort, in den ständig stattfindenden Gesprächen, geschieht die eigentliche Wissensvermittlung. Dieser Austausch fand im Rahmen persönlicher Treffen statt, über das Telefon oder via Chat mit einem der vielen Tools, die es gibt. Netlight hat über die Jahre alles von ICQ und MSN bis Yammer, WhatsApp und Slack verwendet. Nicht die Werkzeuge sind das Entscheidende, sondern dass Menschen miteinander Kontakt aufnehmen und kommunizieren.

Auch Firmenkonferenzen spielen eine wichtige Rolle. Sie geben den Mitarbeitern, die nicht im gleichen Büro sitzen, die Möglichkeit sich im echten Leben zu begegnen. Diese Treffen sind die Voraussetzung dafür, dass sie sich später trauen, auch über Distanz in Kontakt zu treten. So haben die Mitarbeiter in einem kleinen Büro in Zürich das Gefühl, die gesammelte Kompetenz des Mutterunternehmens im Rücken zu haben.

Dieses Ökosystem des Wissens bekam schließlich einen Namen – *Edge*. Denn ohne diese Treffen und Gespräche, ohne das ständige Teilen von Wissen miteinander würde das Unternehmen nie seine Relevanz und Position behalten.

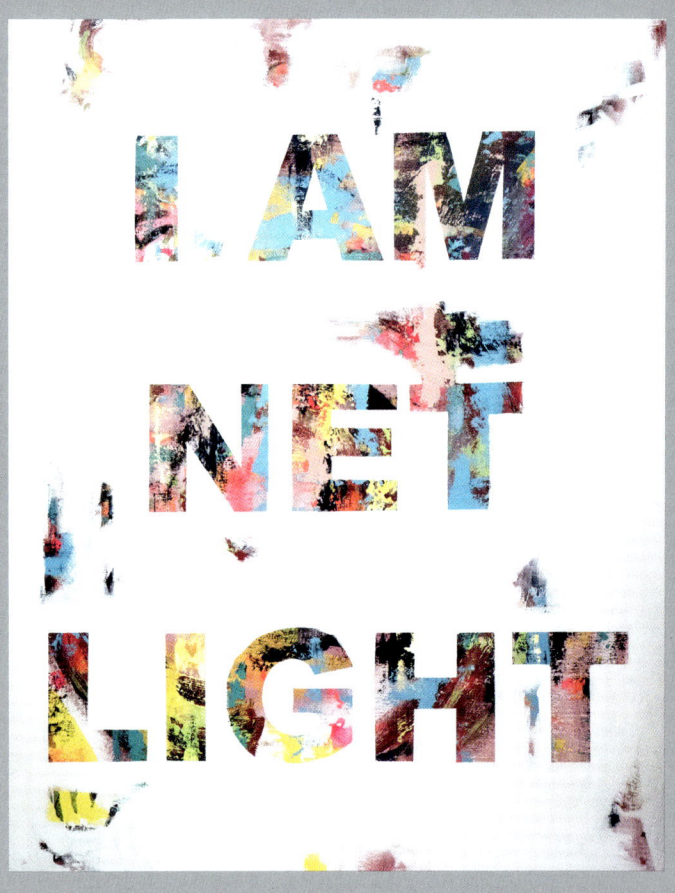

2.

»KANN MAN GUT MIT AN DER BAR ABHÄNGEN«

Nur wenige Chefs würden behaupten, dass es keine Rolle spiele, welche Werte ein Unternehmen vertritt. Im Gegenteil, werteorientierte Führung gilt heute als Erfolgsgarant. Das ist eine natürliche Folge von *Talent Management* und *Employer Branding,* Trends vom Anfang der 2010er Jahre, und dem gestiegenen Interesse an den Mitarbeitern und ihrer Bedeutung fürs Unternehmen. Dass immer mehr auf Werte geachtet wird, ist eine positive Entwicklung. Es trägt dazu bei attraktivere, gesündere und modernere Arbeitsplätze zu schaffen. Aber darüber zu sprechen, dass ein Unternehmen bestimmte Werte vertritt, ist nicht ununproblematisch. Ein Unternehmen ist eine Organisationsnummer, nichts anderes. Eine Firma kann keine Werte vertreten. Man kann nicht einfach sagen »wir sind genauso«. Man kann Mitarbeiter nicht bitten, sich hinter bestimmte Werte zu stellen und dann erwarten, dass sie authentisch auftreten. Der Unterschied zwischen der organischen und mechanischen Perspektive ist am offenkundigsten, wenn es um die Steuerung von Werten geht.

Mechanische Steuerung handelt vereinfacht gesagt davon, dass man auf Knöpfe drückt und Hebel umlegt. Es geht um Motivation durch Lohn, um deutlich definierte Arbeitsaufgaben und Verantwortungsbereiche, um Organisation und Kostenplanung und um hierarchische Kommunikation. Etwas wird auf der einen Seite eingepflegt und etwas anderes kommt auf der anderen Seite heraus. Aber Wertvorstellungen kann man nicht einpflegen. Es ist eine veraltete Sichtweise, dass die Unternehmensführung oder jemand weit oben in der Hierarchie, Werte festlegen kann und dann die Mitarbeiter dazu bringt sich diese anzueignen. Dies setzt voraus, dass sich die Mitarbeiter überhaupt in einem festen, vorausbestimmten System einrichten wollen.

Schlagworte auf Kaffeetassen

Man kann die Unternehmen, die heute als Vertreter bestimmter Werte gelten, grob in zwei Gruppen einteilen. Wertekontrolle kann so gehandhabt werden, wie wir es eben dargestellt haben – durch dienstlichen Konsens, bei dem die Unternehmensführung bestimmt, dass »wir unsere Werte jetzt so festsetzen«. Es wird ein Team zusammengestellt, das herausfinden soll, welches die Wertvorstellungen des Unternehmens denn nun sind. Im besten Fall entdeckt diese Gruppe eine gewisse Anzahl Werte, mit denen sich alle identifizieren können, oder zumindest die Unternehmensführung. Diese Wertvorstellungen werden anschließend in Schlagworten zusammengefasst, die dann in der gesamten Firma kommuniziert werden. Es dürfen gerne drei Wörter sein oder fünf – am besten eine ungerade Zahl. Die Schlagworte werden an die Wand geklebt, sie erscheinen im Jahresbericht, sie werden auf Kaffeetassen gedruckt. Jeder denkt sich, er sei damit zufrieden. Aber niemand empfindet etwas beim Anblick dieser Werte. Sie beflügeln nicht. Aber weshalb nicht? Weil die ganze Vorgehensweise mechanisch ist. Die Werte kommen nicht von innen. Was dem Werte-Team im besten Fall geglückt ist, ist den kleinsten gemeinsamen Nenner gefunden zu haben. Etwas, von dem man annehmen kann, dass ihm jeder zustimmen wird. Aber sich vorwärts zu bewegen basierend auf den kleinsten Gemeinsamkeiten, die wir miteinander teilen, ist gelinde gesagt schwierig. Es gibt keine treibende Kraft, sondern nur einen schleppenden Kompromiss, in den sich alle fügen.

Führen durch Werte kann auch bedeuten, das Unternehmen nach den Werten einer charismatischen Führungspersönlichkeit leiten zu lassen. Dies kann eine erfolgreiche Strategie sein, eine gemeinsame Unternehmenskultur zu erschaffen. Der Telekommunikationskonzern Tele2 tapezierte alle seine Büros mit Zitaten des Chefs Jan Stenbeck. Aber das entsprach eher einer Vorgabe, was die Mitarbeiter denken sollten: »Das sagt Stenbeck«. So etwas kann funktionieren, aber das Unternehmen wird dadurch zur Sekte. Und Sekten sind angreifbar, da alles von einem alleinigen Anführer abhängt. Ein starker Anführer kann sowohl begeistern als auch verzaubern. Es besteht jedoch das Risiko, das die Mitglieder die Wertvorstellungen des Anführers für ihre eigenen halten. Dadurch inspirieren diese Werte niemals richtig und können kein Eigenleben entwickeln.

Der Unterschied zwischen einer Sekte und einem organisch geführten Unternehmen ist der, dass eine Sekte von einem autoritären Anführer geleitet wird, dem die Mitglieder folgen sollen. Ein weiterer Unterschied ist, dass es im Grunde um Gruppennormen geht, die exkludierend und autoritär wirken, sodass von den Mitarbeitern erwartet wird, sich entweder anzupassen oder das Unternehmen zu verlassen, oder dass sie komplett ausgeschlossen werden.

In seinem Buch *Immer erfolgreich* untersucht Jim Collins, was bestimmte Firmen in den letzten Jahrzehnten zu Topunternehmen gemacht hat. Eine seiner Schlussfolgerungen ist, dass sie eine Ideologie vertreten. Und diese Ideologie wird gestützt durch Wertvorstellungen. Diesen Grundgedanken verfolgte Netlight schon seit seinen Gründungstagen. In der Praxis plädiert Collins für eine Form autoritärer Wertesteuerung. Und so startete

Netlight am gleichen »falschen Ende« wie Collins – und alle anderen.

Auch Netlight arbeitete mit Schlagworten wie »Kompetenz«, »Kreativität«, »Geschäftssinn«. Das war genau das, wonach die Firmengründer bereits bei der Gründung des Unternehmens im Jahr 1999 strebten. Diese Schlagworte sollten jeden einzelnen Mitarbeiter von Netlight charakterisieren und für die Firma selbst stehen. Diese drei Begriffe sollten Netlights Werte verkörpern. Jeder im Unternehmen stimmte dem zu. Und die Umgebung ebenfalls. Aber warum? Vermutlich weil es drei Wörter waren. Sie klangen gut. Keiner konnte etwas dagegen sagen. Kompetenz, Kreativität und Geschäftssinn sind ohne Frage sehr wichtig. Aber keines dieser Schlagworte ist ein eigentlicher *Wert*. Zusammen werden sie eher zu einer Produktbeschreibung: »Dies ist, was wir unseren Kunden bieten«.

Die Jagd nach Netlights Werten ging also weiter.

Wir in unserer Gesamtheit

Vielleicht war der Ausgangspunkt ein falscher. Wertvorstellungen und Kultur sind offensichtlich komplexe Angelegenheiten – aber müssen sie deshalb auch kompliziert sein? War es überhaupt notwendig, etwas festzulegen und zu definieren? Jede Organisation hat doch eine Kultur – sie entsteht, sobald Menschen aufeinander treffen. Kultur ist die Summe der Werte und des Verhaltens aller Individuen jetzt und hier. Das ist eine einfache Gleichung.

Innerhalb einer kleinen Gruppe, zum Beispiel in einer IT-Abteilung, können die Mitarbeiter empfinden, »dass wir eine schöne Kultur bei uns haben«. So ist es oft in kleinen Gruppen, wo das Abteilungsmiteinander organisch wächst. Sobald die Gruppe größer wird, trifft die entwickelte Kultur auf Widerstand in Form von Bürokratie. Sie bekommt keine Chance sich zu entfalten und das ganze Unternehmen zu umfassen. Wenn die Firmenleitung dann von »Unternehmenskultur« spricht, liegt die Vermutung nahe, dass sie etwas komplett anderes meint. Es wird nicht von Kultur gesprochen, die von innen herauswächst, sondern von außen übergestülpt wird.

Eine Unternehmenskultur verändert sich ständig. Das liegt in ihrer Natur. Man kann sie nicht datieren und sagen »die Unternehmenskultur dieser Firma entstand am 4. Oktober 1999«. Nein, diese Kultur gibt es nur jetzt und hier. Sie sieht heute so aus und morgen schon wieder anders. Sie wird sich in einer Woche oder einem Jahr nicht vollständig umkrempeln, aber sie wird sich weiterentwickelt haben. Sie verändert sich unaufhörlich mit jedem neuen Kollegen, der dazu stößt und die Unternehmenskultur mit seinen Erfahrungen bereichert. Der Gedanke »Das ist die Unternehmenskultur dieser Firma.

Sie ist wie sie ist und jeder, der hier arbeiten will, muss sich gefälligst anpassen«, ist absurd. Das wäre genau so, als behaupte man: »So wie es bei der Gründung des Unternehmens war, so muss es für immer bleiben.« Oder: »2001 hatten wir genau die richtige Unternehmenskultur«. Das erinnert daran, wie Nationalisten denken, wenn sie danach streben, dass Schweden schwedisch bleiben soll. An welches Schweden denken sie da? Wann war Schweden richtig schwedisch? Während der Wikingerzeit? Oder war es etwa Mitte des letzten Jahrhunderts als das Schwedische Modell entstand?

»Die schwedische Kultur«, oder auch die Kultur, die sich in einer Gruppe Skinheads, Punks, Gymnasialschüler oder in einem Unternehmen entwickelt – das Prinzip ist das Gleiche. Sobald sich Menschen begegnen, treffen sich auch ihre Wertvorstellungen und färben aufeinander ab. Dies geschieht automatisch. Führung durch Werte macht sich dies zu Nutze. Es geht nicht darum, die Unternehmenswerte selbst zu steuern, sondern darum, mithilfe der Wertvorstellungen der Mitarbeiter zu steuern. Es geht nicht darum, den Mitarbeitern zu sagen, dass »unsere Organisation von Anteilnahme und Zuverlässigkeit« geprägt ist oder dass der Chef darauf hinarbeitet, dass die Angestellten zuerst vorgegebene Werte verstehen, um sie dann zu leben. Es geht vielmehr darum, die Motivation und innere Überzeugung der Mitarbeiter zu erkennen und sie auf ein gemeinsames Ziel hin auszurichten. Das ist zwar eine wichtige Definition, aber bei weitem nicht die Selbstverständlichste. Viele sind noch der Ansicht, dass Unternehmenswerte am besten von oben herab gesteuert werden sollten. Deshalb ist es auch kein Wunder, dass Werte oft nur Blendwerk sind. Tatsächlich braucht man überhaupt keine Schlagworte. Solche können sogar dem eigentlichen Ziel entgegen wirken. Im Organisationskontext spricht man manchmal von Energien – davon, dass eine Gruppe »Energie ausstrahlt«, oder dass man selbst durch die Gruppe mit Energie aufgeladen wird. Es ist diese Energie, die man mit Führen durch Werte erreichen will. An diesem Punkt fahren sich die Maschinen fest. Eine Maschine ist eben keine Energiequelle, sie verbraucht Energie.

Diese Perspektive auf die Unternehmenskultur als etwas Bewegliches, Lebendiges, etwas, das sich entwickelt, wenn sich Menschen begegnen, führt zu praktischen Konsequenzen. Es ist wichtig darauf zu achten, dass Mitarbeiter sich tatsächlich treffen, dass Ideen, unterschiedliche Ansichten und Meinungen einander inspirieren und dass die Wertvorstellungen aller miteinbezogen werden.

Einige Fragen sind zentral: Was sind die inneren Antriebskräfte des Einzelnen? Welche Wertvorstellungen liegen dem zugrunde? Die Herausforderung liegt darin, jedem einzelnen Mitarbeiter dabei zu helfen, seine eigene innere Antriebskraft für sich zu definieren und dann dafür zu sorgen, dass diese ein Teil der kollektiven Unternehmenskraft wird.

Wenn die Kultur bereichert wird

Zwischen 2010 und 2014 begann Netlight international zu wachsen. Wenn ein Unternehmen sich in einem neuen Land etabliert oder wenn ein schwedischer Konzern einen ausländischen Chef bekommt, spricht man sofort vom Zusammenprall zweier Kulturen.

Unterschiedliche Führungsstile und Unternehmenskulturen werden aneinander gemessen und man erwartet, dass sie gegeneinander statt miteinander kämpfen. In Schweden sind wir außerdem gut darin, unsere Führungskräfte auf ein Podest zu stellen.

Um Netlight in Deutschland zu etablieren, wurde es an deutschen Technischen Universtäten vorgestellt. Den deutschen Studenten, die gekommen waren, um sich anzuhören, was Netlight ihnen als Arbeitgeber zu bieten hatte, erschienen die Schweden wie eine Nationalmannschaft in blaugelben Trikots. Die Zuhörer wollten vor allen Dingen wissen, wie es einer schwedischen Firma mit schwedischer Unternehmenskultur in Deutschland ergehen würde. Wie sollte Netlight das handhaben?

Netlight hat aber keine »schwedische« Unternehmenskultur. Man kann mit etwas gutem Willen behaupten, dass es sich um ein schwedisches Unternehmen handelt. Die Firma besteht auch zum größten Teil aus Schweden, und man kann sicherlich behaupten, dass es so etwas wie schwedische Wertvorstellungen im Unternehmen gibt. Aber es war nicht so, dass Netlight mit einer explizit schwedischen Kultur nach Deutschland kam, um sie mit Gewalt über die deutsche Kultur zu stülpen. Netlight hat, genauso wie Ikea und viele andere schwedischen Firmen, eine Unternehmenskultur, die sich nicht auf Ländergrenzen oder Nationalitäten beschränken lässt. Das Unternehmen stellt Menschen ein mit eigenen Wertvorstellungen, die kompatibel sind, und die die gemeinsame Kultur bereichern.

Es ist vielmehr so, dass in einem Unternehmen, in dem man sich bemüht, dass Menschen aufeinander treffen, damit deren Werte sich gegenseitig befruchten und sie so die Unternehmenskultur bereichern, es umso wichtiger ist, dass eine Vielzahl an Perspektiven vorliegt. Es ist nicht besonders interessant, dass Personen aus Deutschland, China, dem Iran oder Argentinien angestellt werden, nur weil sie in diesen Ländern geboren sind. Es ist viel wichtiger, dass sie Erfahrungen mitbringen und eigene Sichtweisen in die Firma mit einbringen. Ohne solche neuen Einflüsse schafft man einen in sich abgeschlossenen Kulturteich, der immer sauerstoffärmer wird für alle Fische, die sich in ihm tummeln.

Die Clique

»Als ich ein Teenager war, hatten wir verschiedene Gruppen in meiner Schule – Cliquen. Es gab keinen richtigen Anführer, aber es gab Personen, die dazu beitrugen, dass die Gruppen zusammenhielten. Ich war eine solche Person. Einen Freundeskreis zu leiten, habe ich für mich in meine Art der Unternehmensführung mitgenommen. Ich bin nicht allein mit dieser Erfahrung. Der große Unterschied besteht darin, dass ich sie verinnerlicht habe und der Meinung war, dass ich genauso auch eine Firma leiten kann. Ich hatte niemals Angst davor. Andere, die in ein etabliertes Unternehmen kommen, in dem es bereits eine bestimmte Führungsstruktur gibt, passen sich daran an – und damit geht ihr natürlicher Führungsstil verloren.

Es geht darum, eine Gruppe von Menschen wie eine Kultur zu behandeln. Denk an die Punker, Skinheads oder Hardrocker. Subkulturen – im Großen und Ganzen sind dies auch nur Freundeskreise, jedoch mit deutlichen äußeren Attributen. Ähnliche Eigenschaften gib es in allen Gruppen und ich habe mich in ihnen immer wohlgefühlt. Ein Freundeskreis kann eine sehr starke eigene Kultur und Identität haben. So wie wenn man mit 15 mit seinen Freunden auf dem Spielplatz abhängt, Bier trinkt und sich unbesiegbar fühlt – das ist ein mega Gefühl! Wenn man allein hingegangen wäre, um ein Bierchen zu zischen, wäre es stattdessen tragisch gewesen. Die Erkenntnis, dass wir zusammen etwas Großartiges erschaffen können, ein einzigartiges Erlebnis, ist tief in mir verankert. Deshalb geschieht es wie von selbst, dass ich versuche dieses Gefühl in jedwedem Zusammenhang immer wieder neu zu erschaffen.«

Jemand, auf den man sich verlassen kann

In einer Organisation, die von den Wertvorstellungen der Mitarbeiter geformt wird, ist nichts so wichtig wie die Personalbeschaffung. Genau dort beginnt alles. Als Netlight zur Jahrtausendwende damit begann Mitarbeiter zu rekrutieren, waren Kompetenz, Kreativität und Geschäftssinn die Leitsterne bei der Jagd nach geeigneten Kandidaten – oder Talente. Aber man sah schnell ein, dass dies nicht die einzigen Parameter für erfolgreiche Rekrutierung sein konnten. Talent steht nicht synonym für Können. Diejenigen, die eingestellt würden, sollten Leute sein, die die anderen Mitarbeiter mochten und die in die Gruppe passten. Die Chemie musste ganz einfach stimmen. In diesem Zusammenhang wurde der Spruch »kann man gut mit an der Bar abhängen« als zusätzliches Entscheidungskriterium geprägt. Derjenige, den man rekrutiert, sollte kompetent sein, kreativ und einen guten Geschäftssinn haben, aber auch eine Person, mit der man Lust hat, was zu unternehmen, Erfahrungen zu teilen und mit der man Lustiges, aber auch Trauriges erleben möchte. Eine Person, mit der man eine Beziehung aufbauen möchte, eine Person, auf die man sich verlassen kann.

Zu Anfang nahm man das mit dem »kann man gut mit an der Bar abhängen« nicht so ernst. Trotzdem achtete man bei der Anstellung genau darauf, welche Art von Mensch der Kandidat war. Würde man sich miteinander wohlfühlen? Recht schnell kristallisierte sich heraus wie wichtig es war, die individuellen Wertvorstellungen des Kandidaten herauszufinden. Waren sie kompatibel mit der der Gruppe? Natürlich besteht das Risiko, dass diese Art Einstellungsverfahren dazu führt, dass man am Ende zu viele gleiche Mitarbeiter hat. Dass man eine homogene Gruppe schafft, in der alle miteinander auskommen und dass diese Gruppe es vorzieht mit jemandem abzuhängen, der dazu passt und gleiche Wertvorstellungen verkörpert. Doch so entsteht keine Vielfalt. Und Vielfalt ist wichtig für eine lebendige Kultur. Tat Netlight also das? Stellten sie nur Personen ein, die dieselben drei, fünf oder zehn Werte verkörperten wie alle anderen auch? Der Gedanke war erschreckend. Das wäre eine Art Inzucht, die auf Dauer nicht haltbar sein würde.

Mitglieder mit unterschiedlichen Persönlichkeiten, Werdegängen, Erfahrungen und Meinungen bereichern eine Gruppe. Sie wird stärker und innovativer und es gibt weniger Vorurteile. Vorstellungen werden hinterfragt und überprüft, sobald sie auf Menschen mit anderen Perspektiven treffen. Vollkommen identische Werte und Ideen befruchten einander nicht. So kann nie etwas Besonderes in einem Meeting entstehen. Mit anderen Worten, Netlights Aufgabe war nicht, Menschen mit einem bestimmten Wertekanon zu rekrutieren, sondern Menschen mit Wertvorstellungen zu finden, die kompatibel mit denen der Gruppe waren, die aber gleichzeitig eine Bereicherung für die Unternehmenskultur darstellten.

Um solche Personen zu finden, musste derjenige, der sie einstellte in seinen eigenen Werten gefestigt, authentisch, und zugleich einfühlsam sein. Es musste jemand sein, der in sich selbst ruhte und bereit war, andere Menschen mit genuinem Interesse, Neugier und Respekt zu begegnen. In einem ersten Schritt galt es herauszufinden, wer der Kandidat eigentlich ist. Im nächsten Schritt muss man den Bewerber so viele Mitarbeiter treffen lassen wie möglich, um sicherzugehen, dass er anders genug ist, ohne abschreckend zu wirken.

Darauf zu achten, Personen zu rekrutieren, die »reinpassen« klingt ziemlich banal, aber für Netlight ist das Geschäftsentwicklung. In der Lage zu sein zu beurteilen, wer dazu passt, ist eine Kernkompetenz. Netlights Niederlassungen in verschiedenen europäischen Ländern richten sich nicht nur danach, wo es die spannendsten

Kunden gibt, sondern auch die interessantesten Kollegen. Jede Zweigstelle hat eine Gruppe spezialisierter Personaler, die nach neuen Talenten suchen – Menschen, die zu Netlight passen. Einige davon werden dann zum Interview eingeladen. Jedes Vorstellungsgespräch ist ein individuelles Treffen. Die persönliche Beurteilung ist entscheidend, denn man stellt einen *Menschen* ein und keinen Lebenslauf. Einige von ihnen werden zu einem zweiten Gespräch gebeten, in dem sie auf Berater treffen. Jetzt geht es zu gleichen Teilen darum, die Kompetenz des Kandidaten als Berater festzustellen, wie auch die Person an sich kennen zu lernen. Jedes Gespräch beruht auf Gegenseitigkeit. Es ist kein einseitiger Test, sondern es geht genauso darum, dass die Kandidaten Netlight kennenlernen.

Ganz zum Schluss des Prozesses kommen einige wenige weiter zu einem Gespräch mit einem sogenannten Partner, also einer Person, die ein breites und tiefes Wissen über die Firma hat. Ein Partner gehört zu keiner bestimmten Abteilung. In dem Gespräch versucht der Partner, das Potenzial des Kandidaten zu eruieren. Auch dieses Treffen beruht auf Gegenseitigkeit. Der potenzielle Arbeitnehmer begegnet einer Person mit weitreichender Erfahrung und Einblick in die Firma und erhält die Möglichkeit zu testen, ob er dazu passen würde. Für die Personaler und alle anderen in den Prozess involvierten gibt es keinen anderen Anreiz eine Person einzustellen, außer der Frage, ob man diese Person gerne als Kollegen hätte. Kein Vermittlungsbonus, keine provisionsbasierte Rekrutierung.

Bedeutet diese Offenheit gegenüber den verschiedensten Charakteren mit unterschiedlichsten Wertvorstellungen dann auch, dass ein Faschist oder Anarchist bei Netlight arbeiten könnte? Wäre es okay ein Rassist zu sein? Darüber muss man nachdenken. In der Praxis entsteht natürlich eine Gleichartigkeit, wie es sie in vielen Unternehmen gibt. Wenn sich Wertvorstellungen der Mitarbeiter begegnen, entstehen daraus gemeinsame Werte, bei denen es Dinge gibt, die okay sind und andere, die es nicht sind. Die kleine Gruppe von Freunden, die Netlight einst gründeten, bildet natürlich eine Art Ursuppe von Wertvorstellungen. Aber sie hielt nicht schriftlich fest, welche Ansichten sie vertrat, und dass sie von anderen erwartete, genauso wie sie zu denken. Jede Person, die zu Netlight stieß, hat mit ihrer Perspektive und Antriebskraft zur Firma beigetragen und das Unternehmen bereichert. Wenn nun jemand mit einer Weltanschauung auftaucht, die sich fundamental von denen der übrigen unterscheidet, wie zum Beispiel durch rassistische Überzeugungen, dann wird sich das beißen.

Ab und zu rutschen doch mal Menschen durch, die Werte vertreten, die viel zu anders sind, oder die Meinungen äußern und Verhaltensweisen an den Tag legen, die von den Kollegen nicht gutgeheißen werden. Eine solche Person wird sich schnell ausgegrenzt fühlen und sich in der Folge selbst distanzieren. So funktionieren Kulturen. Es liegt im Bereich des Möglichen, dass diese Person im Zorn kündigt und ein großes Aufheben darum macht.

Viele Mitarbeiter bei Netlight sind junge, ambitionierte Ingenieure aus Schweden und Nordeuropa. Äußerlich betrachtet erscheint diese Gruppe homogen, aber vieles deutet darauf hin, dass es unter der Oberfläche anders aussieht. Hier scheint es tatsächlich Platz zu geben für Menschen mit stark unterschiedlichen Persönlichkeiten. Im Zusammenhang mit einem von Netlights »Summits«, einer internen Konferenz, bekamen wir die Quittung für Netlights Streben nach Vielfalt serviert. Mithilfe des Myers-Briggs-Typenindikators, der ausgehend von den individuellen Antworten auf eine lange Latte von Fragen, Personen in 16 verschiedene Persönlichkeitstypen unterscheidet, wurde ein Bild der unterschiedlichen Persönlichkeiten innerhalb der Firma erstellt. Es zeigte sich, dass in 20 willkürlich ausgewählten Gruppen mit jeweils ungefähr 30 Personen im Prinzip alle Persönlichkeitstypen abgedeckt wurden. Heute haben wir Mitarbeiter mit 30 unterschiedlichen Nationalitäten bei Netlight. Jeder mit seiner eigenen Erfahrung und seinen individuellen Werten, die zur Unternehmenskultur beitragen.

"Organization? she said. We seek no organization. What is organic needs no organization. You build from without, we build from within. You build with yourselves as bricks, collapsing from the outside and in. We build from within like trees, and bridges grow between us that are not of dead materials and dead compulsion. Life emerges from us. Lifelessness enters in you." - Karin Boye, Kallocain, 1940

Boxes are for dead people

3.

VERANTWORTUNG UND FREIHEIT

In einem Unternehmen, in dem die Mitarbeiter die gleichen Wertvorstellungen, aber sehr unterschiedliche Persönlichkeiten haben, sind Zusammenarbeit und das Teilen von Wissen das A und O. Damit das Ganze mehr als nur die Summe seiner Teile ist, muss jeder Einzelne einen inneren Antrieb haben, seinen Job beherrschen und in der Lage sein, das Kommando zu übernehmen, wenn es sein muss. Wenn eine schweigende Mehrheit nur »mitläuft«, wenn nur bestimmte Leute gehört und gesehen werden und die Initiative übernehmen, dann verliert das Unternehmen an Fahrt. Bei Netlight haben wir versucht, diese Grundgedanken in dem Schlagwort »in command« umzusetzen, was so viel heißen soll wie »die Situation beherrschen«. Damit alle Mitarbeiter verstanden, was damit gemeint war, brauchte es eine Form der Illustration. Doch das erwies sich als schwierig. Googelt man Bilder mit dem Stichwort »in command«, bekommt man eine Menge männlicher Einzelkämpfer in Uniform angezeigt. Ein individualistisches Ideal wäre genau das Gegenteil des kollektiven Gedankens, den wir gestalten wollten. Eine Mitarbeiterin erhielt also den Auftrag den Begriff zu illustrieren. Aber sie schaffte es ebenfalls nicht, ein prägnantes Bild zu finden. Es erinnerte sie jedoch, so berichtete sie später, an einen Kurs zu emergenten Systeme, den sie besucht hatte. Dort war sie mit dem Programm *Boid* (von *bird-oid object*) in Berührung gekommen. Das Programm wurde Mitte der 1980er Jahre vom Amerikaner Craig Reynolds entwickelt, der Experte auf dem Gebiet der Datengrafik und Künstlichen Intelligenz war, und der mithilfe eines Algorithmus einen Vogelschwarm simulierte. War das nicht so ähnlich wie das, was Netlight zu erklären versuchte?

Es gibt einige Grundprinzipien, wie ein Individuum in einem Vogelschwarm auf verschiedene Impulse reagiert: »Wenn ich einen Falken sehe, weiche ich aus.« Oder: »Wenn ich einen Wurm sehe, dann tauche ich ab.« Jedes Individuum übernimmt die Verantwortung für sein eigenes Verhaltensmuster, aber ist sich zugleich immer der anderen Mitglieder des Schwarms bewusst und folgt ihnen. Diese Kombination von Ich-Denken und Wir-Denken führt zur Entstehung eines neuen Organismus: Dem Schwarm. Das Resultat ist etwas, das größer ist als die Summe aller einzelnen Vögel des Schwarms: Ein emergentes System, ein neuer Organismus.

Es ist schwierig, ein noch eindeutigeres Bild für das zu finden, was Netlight illustrieren wollte – eine Gruppe, in der jeder gleichzeitig führt und folgt. In der jeder nicht nur das Kommando übernehmen kann, sondern es tun muss und in der jeder auf jeden bei Entscheidungen Rücksicht nimmt. Denn wenn keiner fliegt, dann fliegt auch nicht der Schwarm. Wenn jeder nur auf sich selbst achtet, resultiert das in wildem Flattern. Es entsteht kein neuer Organismus, es gibt nur ein chaotisches Durcheinander von Vögeln. Übernimmt dahingegen niemand das Kommando, wird der Schwarm früher oder später abstürzen oder gegen eine Bergwand krachen. Es kann auch nicht jeder Vogel auf die Anweisung eines Übergeordneten warten, wenn plötzlich eine Gebirgswand auftaucht. Es gibt den einen Vogel, der die Wand als erstes sieht und ihr ausweicht und damit alle anderen dazu bringt ihm zu folgen.

Wenn jeder sich selbst leitet

Lange bevor das Bild des Vogelschwarms existierte, identifizierte sich Netlight bereits als »Netzwerkorganisation«. Jedoch nicht wie es üblich war. Nicht das externe Netzwerk an Kunden, Lieferanten und anderen Interessenten war gemeint, sondern das Netzwerk innerhalb des eigenen Unternehmens. Zu dieser Zeit gab es wenig Publiziertes zu diesem Thema, sodass die Inspiration dazu aus der eigenen Wirklichkeit genommen werden musste, um genauer zu sein aus einem für damalige Verhältnisse neuen Verfahren Datenbanken zu programmieren. Bis in die 2000er Jahre hinein organisierte man Daten traditionell in sogenannten relationalen Datenbanken. Sie funktionieren wie eine Art Karteikartensystem, bei dem man zuerst nach dem ersten Buchstaben, dann nach dem zweiten schaut und anschließend in absteigender Reihenfolge alles durchgeht bis man findet, was man sucht. So gesehen ist es eine hierarchische Datenbank. Mit dem Aufkommen sozialer Medien entstanden die ersten nicht-hierarchischen Datenbanken. Sie nannten sich NoSQL und waren Ende der 2000er Jahre das größte Ding unter der Sonne. Sie bahnten den Weg für das, was sich heute Big Data nennt, und uns hilft, uns in großen Mengen unstrukturierter Daten zurechtzufinden. Der Nachteil der erstgenannten hierarchischen Datenbanken ist, dass sie anfällig und langsam sind. Hat man eine große Menge Daten und möchte sie sortieren, so muss man sie erst einmal in eine bestimmte Ordnung einteilen und sich dann systematisch an das herantasten, was man gesucht hat. In NoSQL macht man das, indem man ein Stück Datenmasse herauslöst und dann herausfindet, in welcher Beziehung es zu den anderen Teilen steht. Folgt man einer bestimmten Relation, landet man auf relativ kurzem Weg bei der nächsten. So funktionieren Facebook und andere Systeme, in denen die Eigenschaften der Menschen nicht-hierarchisch sortiert sind.

Auf die gleiche Art und Weise funktioniert eine Netzwerkorganisation.

Netlight mit einer Datenbank zu vergleichen, traf auf Gegenliebe in einem Unternehmen, das sich zum Großteil aus IT-Ingenieuren zusammensetzte. So wie eben beschrieben, eigneten sich die Mitarbeiter auch neues Wissen an – nicht indem sie zum Chef gingen und ihn fragten, sondern indem sie sich direkt an den Kollegen wandten, der am besten wusste, wie ein spezielles Problem gelöst werden konnte, oder der einen an die richtige Personen verweisen konnte.

Mit dem Vogelschwarm als Metapher, dem Boid-Gedanken im Kopf, entwickelte Netlight eine Sprache für das, was bereits existierte, aber bisher unartikulierbar gewesen war. Boid stand für Netlights Struktur und inneres Wesen. Viele hießen es willkommen und empfanden es als Entlastung. Die neuen Grundprinzipien erleichterten die Arbeit für alle, die sich bereits mit den Methoden auskannten – wenn auch nur intuitiv. Es gab einzelne, die schon nach dem »In-command«-Prinzip arbeiteten, die Präsenz zeigten und eigene Entscheidungen trafen. Der allumfassende Boid-Gedanke, das Gleichnis vom Vogelschwarm, legitimierte ihr Handeln und Denken. Es gab jedoch auch andere, die das Prinzip des Führens und Folgens nicht verstanden und völlig frustriert waren. Sie hatten Netlight als ein traditionelleres Unternehmen erlebt. Ihnen fehlten jetzt deutliche Grenzen und Regeln, an die sie sich halten konnten. *Darf hier jetzt jeder machen, was er will?* Wiederum andere meinten, dass die Firma versuche Dinge zu reparieren, die nicht kaputt waren. Netlight funktioniere auf eine Weise, die man nicht zerdenken müsse.

Das Boid-Prinzip wurde nicht von allen angenommen, jedenfalls nicht ohne Widerstand, aber doch von den meisten. Man brauchte ein neues Verständnis, um das ungenutzte Potenzial des Unternehmens freizusetzen, und um ungeahnte Talente zu beflügeln. Man brauchte es auch, um den Bedarf nach einer neuen Form von Führung zu verdeutlichen.

Vorbilder statt Chefs

Bei Netlight findet man keine konventionellen Stellenbeschreibungen. Ausgehend von dem Gedanken, dass alle führen und zugleich folgen, können die Mitarbeiter völlig frei agieren. Sie verstehen die Grenzen, die es gibt und die sich auf natürliche Weise entwickelt haben, indem man darauf achtete, wie es die Kollegen machen. Aber in einer Boid-Organisation, in der jeder und niemand Chef ist, muss es jemanden geben, der den Weg weist. Jemand muss das Verhalten der Mitarbeiter steuern, denn es gibt ja keinen Chef, an den man sich wenden kann.

Über die Zeit entwickelte sich eine starke Vorbildskultur innerhalb der Firma. Jeder Mitarbeiter kann sich eigene Vorbilder wählen. So kursiert die Anekdote, dass einige Mitarbeiter auf die Idee kamen, Tassen mit dem Text »Was würde Johan Witt tun?« zu bedrucken, was eine Verneigung vor einem geschätzten Kollegen war.

Bei Netlight ist ein Vorbild kein Übermensch oder Jesustyp. Keine Person, die niemals Fehler macht. Niemand, der erwartet, dass alle für immer und ewig zu ihm aufsehen. Das würde nur eine Vorbildselite erschaffen, von der sich alle anderen ausgeschlossen fühlen. Ein Mitarbeiter kann in einer bestimmten Situation *einmalig* Vorbild sein und nicht etwa tagein tagaus sein ganzes Leben lang. Das wäre eine Überforderung eines jeden Menschen.

Aber wenn jemand mehrere Male Vorbild gewesen ist, dann sollte man diese Person wissen lassen, dass sie etwas getan hat, was Lob verdient. Bei Netlight gibt es ein Karrieresystem in Form von Consultingstufen, das auf dem Konzept von Vorbildern aufbaut. Derjenige, den man befördert, wird dies, weil er zu inspirieren versteht. Von einem Mitarbeiter, der sich auf einer höheren Stufe befindet, erwartet man, dass er einen breiteren oder tieferen Einblick zum Beispiel auf eine bestimmte Branche, einen speziellen Kunden oder ein Projekt hat, als ein weniger erfahrener Kollege. Er hat ein besseres Verständnis von Netlight als Organisation. Unterschiedliche Stufen gehen allerdings nicht mit Titeln einher. Sie geben niemandem ein Mandat, andere zu führen. Sie sind eher als Wegweiser für diejenigen, die gerade folgen gedacht. Sie sagen etwas über die Einsicht aus, die von einer Person erwartet wird. Diese entwickelt sich ständig weiter im Takt neuer Herausforderungen, die die Berater annehmen. Ein traditioneller Titel kann im Gegenteil die individuellen Möglichkeiten, sich Herausforderungen zu stellen, begrenzen.

Die Vorbildstruktur ersetzt die traditionelle Chefstruktur. Man kann niemanden zum Vorbild bestimmen und man kann zu keinem sagen: »Das sind jetzt deine Vorbilder.« Vorbilder erwachsen aus dem Inneren, auf natürlichem Wege aus einer Kultur heraus. In anderen Unternehmen kann jemand befördert werden, »weil er jetzt an der Reihe ist«. Aber nicht bei Netlight. Es gibt keine Position, nach der man strebt, keine leeren Felder im Organigramm, die zu füllen wären. Es gibt keinen Chef, der über Gehälter entscheidet. Auf welcher Consultingstufe sich jemand befindet, hängt von Hunderten dienstälterer Kollegen ab, die gemeinsam alle Mitarbeiter gleicher Erfahrung in sämtlichen Netlight-Büros aller Länder vergleichen. Nach demselben Prinzip wird festgelegt, auf welchem Niveau ein Neuangestellter einsteigt. Normalerweise startet ein neuer Kollege auf einer niedrigen Stufe und steigt auf, nachdem seine Arbeit bewertet wurde, was zwei Mal im Jahr geschieht. Da das System international ist, können die Mitarbeiter zwischen den Büros in verschiedenen Ländern wechseln. Es ist kein Geheimnis, wie das System der Consultingstufen aufgebaut ist und funktioniert.

Jeder Mitarbeiter weiß, welche Stufen es gibt und wie die Anforderungen, Erwartungen und Möglichkeiten einer Beförderung lauten. Alles dreht sich darum, welche Einsichten und Erfahrungen man vorweisen kann, damit die Kollegen sich an einen wenden und inwiefern man eine Supernode für das System ist. Es gibt keine Stellung, um die man konkurriert – je mehr Supernodes, desto besser. Befördert zu werden vermittelt Vertrauen. Es ist eine Bestätigung, die einem ermöglicht, gesehen zu werden.

Netlight ist nicht wirklich »un-hierarchisch«, sondern »un-bürokratisch«. Das Unternehmen basiert auf Beziehungen. Es gibt das Netzwerk und die verschiedenen Consultingstufen, die zeigen, wie integriert die Mitarbeiter im Netzwerk sind. Die Frage, ob und inwiefern es vorgesetzte Chefs bei Netlight gibt, ist irrelevant. Alle sind Chefs oder besser gesagt, keiner ist ein Chef. Das kann man nicht genau sagen.

Titel oder keinen Titel?

»Als ich 2003 Geschäftsführer wurde, waren wir 13 Personen. Ende 2004 waren wir 24 Mitarbeiter und 2007 näherten wir uns 100. Das war eine fantastische Reise. Jedoch entstand gleichzeitig der Eindruck, dass es eine gläserne Decke bei Netlight gäbe, die besagte »an Erik Ringertz kommt man nicht vorbei«. Das frustrierte meine engsten Kollegen. Also diejenigen, die Netlight mitgestalteten. Das war alles andere als eine ideale Situation – auch für mich nicht, denn ich wollte mich ebenfalls weiterentwickeln.

Wir fassten deshalb den Beschluss, dass meine engste Kollegin Standortleiterin für Schweden werden sollte. Ich wurde Konzernchef, obwohl es eigentlichen keinen Konzern gab, von dem man hätte Chef sein können. Auf diese Weise konnte sie sich bis auf meine Stufe weiterentwickeln, indem sie meinen Job übernahm. Und ich konnte einen Konzern aufbauen, was in der Praxis bedeutete, dass ich einen anderen Kollegen bei der Gründung eines neuen Büros in Oslo unterstützte. Wir sahen ein, dass wir so in der Lage sein würden, eine gläserne Decke nach der anderen einzureißen nach dem Prinzip, dass keiner in seiner Position festgelegt war, sondern ständig seinen Platz für diejenigen freiräumte, die neue Herausforderungen suchten.

Als die »Schwedenchefin« in Elternzeit ging, wiederholten wir diesen Kniff. Diejenige, die in Oslo begonnen hatte, übernahm nun Stockholm und eine neue Person bekam die Position in Oslo. Als die Kollegin aus der Elternzeit zurückkam, musste sie eine neue Rolle gemäß den neuen Anforderungen für sich schaffen, die mit dem Wachstum des Unternehmens entstanden waren. Für jede Elternzeit bauten wir eine neue Generation Anführer innerhalb des existierenden Rahmens der Firma auf, während das Unternehmen sich zeitgleich rapide entwickelte. Es war uns nicht bewusst, aber wir schufen Boids, bereit sich frei im wachsenden Konzern zu bewegen.

Zwischen 2010 und 2014 setzten wir dieses systematisch um. Die Positionen nannten sich Regional Manager, RM, weil sie geografisch an ein Büro gebunden waren. Mit den RMs hatten wir ein Gruppe von Menschen, die die gesamte Einheit verstanden und leiten konnten, die keinen übertriebenen Ehrgeiz besaßen oder nach Titeln strebten und somit den einzigen Titel verdienten, der in der Firma offiziell existierte.

Das System war jedoch nicht wirklich skalierbar für die schnell wachsende Organisation. Es gab keinen Platz für noch mehr RMs und gleichzeitig einen riesigen Bedarf an weiteren Personen, die die Firma navigierten und Verantwortung übernahmen, so als seien sie RMs. Der Titel wurde zum Problem. Er schränkte völlig zu Unrecht die Anzahl Mitarbeiter ein, die die Verantwortung für die Gesamtheit übernehmen konnten. Als einziger Titel innerhalb der Firma wurde er zudem unerhört begehrenswert, sodass jeder ihn haben wollte.

Diejenigen, die sich dadurch ignoriert und nicht berücksichtigt fühlten, verließen die Firma enttäuscht, obwohl eine grandiose Karriere direkt zu ihren Füßen lag. Als spontane Lösung wurden zusätzliche RMs ernannt. Das Resultat war jedoch eine Zwischenchef-Bürokratie. Es war das Schlimmste, was wir uns hatten vorstellen können und als wir das erkannten, gab es nur noch einen Ausweg: Wir mussten den einzigen Titel, der in der Firma existierte, abschaffen. Der Regional Manager musste beerdigt werden. Seine Abschaffung war ein Schock für einige: »An wen soll ich mich denn dann wenden?« Die Reaktion ist normal. Viele sind so daran gewöhnt, an einen Chef verwiesen zu werden, dass sie die Fähigkeit, selbst Antworten auf Fragen zu finden, verloren haben. Selbstverständlich existierten immer noch Personen im Unternehmensnetzwerk, an die man sich hätte wenden können, aber ohne den Titel dauerte es eine Weile bis man ein Muster erkennen konnte. Als die RM-Position verschwand, entstanden strukturelle Hybriden. Oft mit ironischen Bezeichnungen, um sich der neuen Situation anzunähern, wie zum Beispiel »Boid Band« – eine Gruppe relevanter Personen, die es auf sich nahm, Fragen zu beantworten, wie es zuvor die RMs getan hatten, aber eben in der Gruppe. Dies glättete die Wogen, die zunächst entstanden waren und versah das Unternehmen mit Stützrädern während des turbulenten Übergangs zu etwas Neuem, bis das Unternehmen gelernt hatte, die Balance selbstständig zu halten.«

Eine Boid-Organisation wird oft fälschlicherweise als Chef-los bezeichnet. Als die regionalen Managerpositionen abgeschafft wurden, stand Netlight aber nicht ohne Chef da. Jeder wurde zum Chef und zwar mit der Aufgabe zusammen zu agieren. Bei Netlight findet sich die Verantwortung, die normalerweise einem Chef zugeschrieben wird, bei jedem einzelnen – das macht es sinnlos überhaupt von Vorgesetzten zu sprechen. Zugleich besitzen einige Personen Erfahrungen und Einsichten, die ihren Ratschlag relevanter als den anderer machen. Es entwickelt sich eine dynamische Chefstruktur, jedoch ohne Titel. Die Person, die gerade am relevantesten ist, entscheidet. Und am relevantesten ist immer derjenige, der am nächsten an der Situation dran ist. Willst du ausschlaggebend sein, musst du anwesend sein. Wenn du nicht da bist, was macht dich dann wichtig?

Ein Mitarbeiter, der über einen langen Zeitraum dabei war, hat einen Blick auf das Unternehmen, der den Neuangestellten fehlt. Diese Erfahrung, eine tiefere Einsicht, legt den Grundstein für eine Karriere bei Netlight. Mitarbeiter die schon länger im Unternehmen sind, bekommen auf natürliche Weise zusätzliche Einblicke, wenn sich nämlich Kollegen mit Bitte um Rat und Unterstützung an sie wenden. In einer Atmosphäre frei von Geltungsbedürfnis kann der erfahrenere Mitarbeiter antworten: »Keine Ahnung, warum fragst du nicht X stattdessen?« Das ist ein genau so wichtiger Beitrag wie eine selbstverständliche Antwort nach etwas, was man weiß.

Ständiges Feedback

Wir sprachen bereits davon, dass Mitarbeiter erst dann eine Chance haben zu lernen und sich weiterzuentwickeln, wenn sie sich treffen und im Alltag miteinander kommunizieren. Dabei geht es nicht nur darum, dass derjenige, der ein Problem hat, sich an einen erfahreneren Kollegen wendet und fragt, wie er es lösen kann, sondern darum eine funktionierende Feedbackkultur zu entwickeln.

Viele Bücher behaupten, es sei die Aufgabe des Chefs die Mitarbeiter zu loben. Aber das gegenseitige Feedback der Mitarbeiter ist noch wichtiger. Wenn ein Lob wie selbstverständlich ausgesprochen wird, sich von innen heraus bildet, dann wachsen neue Vorbilder heran. Es liegt also in der Verantwortung aller, diese Vorbilder zu bestätigen, hervorzuheben und darauf aufmerksam zu machen, wer andere inspiriert. Wenn alle schweigen, wenn alle nur still vor sich hinarbeiten und ihr Ding machen, dann funktioniert das nicht.

Nur wenig wird so uneingeschränkt positiv angesehen wie Feedback. Trotzdem gibt es kaum etwas, das Menschen so anstrengt, wie die Aufgabe Feedback zu geben und zu erhalten, wenn es nicht auf natürliche Art und Weise im Alltag geschieht. Feedback zu geben ist nicht gratis. Nicht selten erwartet man von einer Person, »die alles richtig macht«, dass sie einer Person, »die alles falsch macht«, Feedback gibt, damit diese sich verbessern kann. Aber was ist mit der erstgenannten Person? Das ist genau so, wie beim braven Mädchen, das die Schulbank mit dem wilden Jungen teilen muss, damit dieser sich beruhigt. Außerdem finden sich häufig Personen, die gezwungen sind, gemeine und irrelevante Äußerungen von anderen hinzunehmen, die »nur mal ein bisschen Feedback« geben wollen. Auch abgesehen vom Extremfall ist traditionelles Feedback problematisch. Vor allem weil es sich um eine Art Kommunikation handelt, die nur in eine Richtung erfolgt. Jemand gibt Feedback und vom anderen wird erwartet, dass er es entgegennimmt. Das stellt schier unüberwindbar hohe Ansprüche an beide Parteien. Derjenige, der das Feedback bekommt, muss sehr gut zuhören, darf keine Widerworte geben, sich nicht verteidigen oder erklären, sondern muss einfach das Feedback empfangen, es mit nach Hause nehmen und sacken lassen. Derjenige, der Feedback gibt, muss hingegen sehr einfühlsam handeln – Feedback soll wie ein schönes Geschenk sein, liebevoll an den Empfänger angepasst und etwas, was der Betroffene wirklich gebrauchen kann. Feedback ist fantastisch, aber es muss verantwortungsbewusst zum Nutzen aller eingesetzt werden. Sowohl von demjenigen, der es gibt, als auch von demjenigen, der es bekommt. Und nicht zuletzt auch vom Unternehmen, das es veranlasst.

Hier kommen wieder die Vorbilder ins Spiel. Indem sie über richtig und falsch anhand positiver Beispiele berichten, und dies über verschiedene Schnittstellen hinweg, kann eine Feedbackkultur entstehen. In einer Feedbackkultur gibt es sowohl den Willen Feedback zu geben und ein grundlegendes Verständnis für dessen Bedeutung. Eine liebevolle Feedbackkultur ist etwas völlig anderes, als eine Kultur, in der Mitarbeiter einander bewerten und beurteilen. Durch Feedback tragen die Mitarbeiter auf konstruktive Weise zur gegenseitigen Entwicklung bei. Genau da geschieht nachhaltiger Fortschritt.

»In command« beim Abendessen

»Es ist nicht die Wohltätigkeit des Metzgers, des Brauers oder des Bäckers, die uns unser Abendessen erwarten lässt, sondern dass sie nach ihrem eigenen Vorteil trachten«, behauptete Adam Smith, der Vater der Nationalökonomie. Sie wissen schon – derjenige, der die Auffassung vertrat, dass die Gesellschaft einer Maschine gleicht. Gerade der Akt wie das Essen auf dem Tisch landet, ist vielleicht eines der besten Beispiele für Organisation weit entfernt vom Traditionellen, Hierarchischen und Mechanischen. Hier sind Wohlwollen, Fürsorge und Verantwortung für einander die entscheidenden Antriebskräfte. Man kann den Entscheidungsprozess einer Netzwerkorganisation mit den Abläufen in einer Familie vergleichen. Wenn wir am Abendbrottisch sitzen und unsere Familie »leiten«, kümmern wir uns oft um mehr, als wir das in unserem professionellen Leben tun. Die Verantwortung, die wir als Partner und Elternteil tragen, ist im Grunde größer als die, die wir auf der Arbeit haben. Und hier am Abendbrottisch fassen wir Beschlüsse ohne Titel, Arbeitsbeschreibung oder Weisungslinie. Wir sind »in command«. Nicht nur wir Erwachsenen, sondern auch die Kinder. Natürlich haben wir als Eltern eine Verantwortung gegenüber unseren Kindern. Wir stehen hierarchisch gesehen über ihnen. Aber unsere Einstellung ist eine andere. Das ist nicht die Chefposition, die wir von der Arbeit her kennen. Das Kind geht vielleicht zuerst zum einen Elternteil und fragt: »Kann ich ein Stück Kuchen haben?« Bekommt es ein »Nein« zur Antwort, geht das Kind weiter zum anderen Elternteil, fragt das Gleiche und bekommt die gleiche Antwort. Das Kind nimmt sich dann vielleicht trotzdem ein Stück Kuchen. Das bedeutet nicht, dass die Eltern versagt haben, sondern dass das Kind eine mündige Entscheidung getroffen hat. Das Kind hat das, was die Eltern gesagt haben, verstanden, sich aber trotzdem ein Stück Kuchen genommen. Eventuell hat das Kind sein Verhalten ein wenig verändert und nicht genau das getan, was es von Anfang an geplant hatte, weil es sich an die Informationen, die es von seinen Eltern erhalten hat, angepasst hat.

Ungefähr dasselbe passiert, wenn eine Gruppe Freunde entscheidet, was sie am Wochenende unternehmen soll. Einer kommt mit einem Vorschlag. Nicht jeder mag ihn und er wird nach kurzer Diskussion wieder verworfen. Ein anderer erzählt von früheren Erfahrungen, eine neue Idee wird präsentiert und an die Bedingungen der Gruppe angepasst. Nach ein bisschen Verhandeln wird ein gemeinsamer Entschluss gefasst.

Im Großen und Ganzen funktioniert die ganze Welt nach diesem Schema. So läuft das ganze Leben ab. Nur nicht das Arbeitsleben. Das ist vielleicht gar nicht so überraschend, denn es beruht auf jahrhundertelanger Begeisterung von Maschinen und Organisationen, die an Maschinen erinnern. Paradoxerweise erkennt man das Natürliche nicht mehr als natürlich.

Der Vergleich mit der Familie oder dem Freundeskreis wird vor allem dann relevant, wenn wir über die kleinste Einheit der traditionellen Organisation sprechen – das Team. Denn hier passt der Gedanke an Maschinen nicht. Fünf Personen, die nebeneinander sitzen und zusammenarbeiten, können sich nicht wie Zahnräder einer großen Maschinerie verhalten. Alle haben ein gemeinsames Ziel. Sie übernehmen Verantwortung für einander und fühlen sich den Kollegen und dem Job, den sie machen, verbunden.

Doch über die Stufe des Teams geht es nie hinaus. Aus irgendeinem Grund glauben wir, dass das Verhaltensmuster aus Familie, Freundeskreis oder der kleinen Gruppe von fünf Arbeitskollegen, nicht funktioniert, sobald wir uns in einer größeren Gruppe befinden. Jedenfalls nicht, ohne dass sich Kapazität und Effektivität verschlechtern. Dabei ist es eine Tatsache, dass ein dezentralisiertes Netzwerk, eine Bewegung sehr wohl skaliert werden kann, wenn man den Mut hat die Kontrolle abzugeben und die Individuen frei zu lassen. Derjenige, der das wagt, wird einen natürlichen Fluss von Entscheidungen erleben, die von verantwortungsvollen und rücksichtsvollen Individuen getroffen werden. Derjenige, der das wagt, wird stetige kleine Fortschritte sehen, weil kleine Misserfolge hin zur nächsten Entwicklung führen.

Diese Kraft muss aus dem Inneren heraus wachsen. Sie sprießt nicht bloß, weil eine Gruppe von Führungskräften beschlossen hat, dass sie sprießen soll. Was die Führungsriege hingegen tun kann, ist dafür zu sorgen, dass sie diese Entwicklung auch wirklich *wollen*. Sie kann die Voraussetzung dafür schaffen, dass gläserne Decke um gläserne Decke zerschlagen wird und somit der Druck von unten wächst. Diese aus dem Inneren heraus wachsende Kraft wird mit Sicherheit auf strukturelle und organisatorische Hindernisse stoßen, die die Führungsetage beseitigen kann. Denn dazu ist das Team selbst nicht in der Lage.

Vertrauen in das Individuum

In einer Familie, einer Gruppe von Freunden oder engen Kollegen ist Vertrauen wichtig, wenn es um Entscheidungen geht. Schauen wir uns die traditionellen Firmen genauer an, sehen wir, dass die meisten in der Praxis vom Gegensätzlichen geprägt sind. Ausgangspunkt des Ganzen ist dort die Überzeugung, dass Mitarbeiter nicht in der Lage sind, die richtigen Entscheidungen zu treffen, sondern von einem Vorgesetzten gesteuert werden müssen. Derjenige, der etwas entscheiden will, muss um Erlaubnis fragen. Je höher sich jemand in der Hierarchie befindet, desto größer wird das Vertrauen in diese Person. Schritt für Schritt bis hoch zum Geschäftsführer, der derjenige ist, dem die Teilhaber vertrauen. So lange bis der Vorstand das Vertrauen in den Geschäftsführer verliert und ihn »verabschiedet«.

Die Mitarbeiter in diesem Modell sind darauf aus, ihren Nutzen zu maximieren. Das ist ihre Antriebskraft, nimmt man an. Die Interessen der Firma oder der Kollegen stehen nicht an erster Stelle. Um die Angestellten dazu zu motivieren, ihr Bestes zu geben, werden äußere Anreize geschaffen. Es wird mit entsprechenden Gehältern gelockt. Jemandem, dem ein Mangel an Vertrauen entgegengebracht wird, reagiert ebenso mit einem Mangel an Vertrauen in die Firma, womit sich das System quasi selbst bestätigt. Wie man sich bettet, so liegt man. Dass man vor allem den eigenen Nutzen maximieren möchte und ein möglichst hohes Gehalt bekommen will, entspricht – wie bereits erwähnt – der grob vereinfachten ökonomischen Theorie der Aufklärung. Die moderne Verhaltensforschung hat aber festgestellt, dass dies nicht der Fall ist, da die Motivation der Menschen deutlich differenzierter ist.

In einer Boid-Organisation sind der innere Antrieb und die Wertvorstellungen sehr wichtig. Man glaubt an das Individuum und nicht an den Individualismus. Sprachlich ist der Unterschied zwischen den Begriffen *selbst* und *allein* fast schon vergessen. Wir sagen zum Beispiel, dass wir »selbst ins Kino gehen«, so als ob es eine Leistung wäre, statt den stigmatisierten, aber korrekten Begriff »allein ins Kino gehen« zu verwenden. Selbstführung ist nicht das Gleiche wie alleinige Führung. Mitarbeiter, die sich selbst führen, sind keine einsamen Wölfe, denen die Meinung anderer egal ist. Sie bitten nicht um Erlaubnis, aber sie bitten um Ratschläge. Die Verantwortung liegt die ganze Zeit über beim Individuum selbst, das beim Unternehmen Unterstützung sucht und bekommt. Anstatt im Unternehmen den Verantwortlichen zu fordern – den Chef. Keiner muss einem anderen den Rücken frei halten, da es hier nicht um den Rücken eines Einzelnen geht, sondern um ein gemeinsames Resultat.

Ein Boid vertraut Menschen, ihrem inneren Antrieb und ihren guten Absichten. Das bedeutet nicht, dass man jemandem blind vertraut. Genauso wie wir von

Familienmitgliedern und Freunden enttäuscht werden können, können Boids einander enttäuschen. Der Unterschied liegt darin, dass die Mitarbeiter eines Boid-Unternehmens der Enttäuschung die Stirn bieten anstatt sie zu vermeiden.

Bei denjenigen, die die festgesteckten Rahmen einer traditionellen Firma gewohnt sind, weckt diese Denkweise Unsicherheit. »Habt ihr nicht festgelegt, welches Verhalten richtig und welches falsch ist?«, ist eine übliche Reaktion auf die Arbeitsweise von Netlight. »Nein«, lautet die Antwort, denn dies ist eine Argumentation, die auf einer mechanischen Perspektive beruht. Verhalten muss von innen heraus kommen. Es wird durch den Willen aller hervorgerufen, die ihr eigenes bestes Ich verkörpern wollen. Aber ist die gängigste Art und Weise Menschen zu führen die, davon auszugehen, dass sie *nicht* arbeiten wollen? Die Organisation strikter Kontrollsysteme sind der Beweis dafür.

Netlight passt sein System an diejenigen an, die ihren Job machen wollen. Es ist alles eine Frage des Vertrauens. Bei Netlight setzt man voraus, dass jeder sein eigenes bestes Ich sein möchte.

Sich einfühlen und anschließend reagieren

Die Mitarbeiter als »Boids in command« zu betrachten heißt, dass man sie dazu ermutigen möchte, alles, was um sie herum geschieht, zu beachten, sich dafür zu engagieren und entsprechend zu reagieren. Dies ist ein ganz eigenes Führungsparadigma, das wir bei Netlight »Sense and Respond« nennen. Das bedeutet so viel wie, Einsicht zu gewinnen und danach zu handeln. Dies steht deutlich im Gegensatz zum üblichen, traditionellen Führungsansatz »Predict and Control«, bei dem der Chef Ziele festsetzt, die er an untergeordnete Führungskräfte delegiert, die wiederum diese Ziele in kleinere Teilaufgaben aufbrechen und weiter delegieren an die Mitarbeiter. Die Chefs entledigen sich so der Verantwortung für die eigentliche Umsetzung und der Nähe zum Projekt zugunsten einer distanzierten späteren Kontrolle. So sieht es in den meisten Unternehmen aus. Es ist nicht falsch auf diese Art zu führen, aber es ist eben nicht die *einzige* Möglichkeit, dies zu tun.

Mit dem »Predict-and-Control«-System sind die Ergebnisse meist nur Mittelmaß. Distanzierte Kontrolle führt im besten Fall zur Erfüllung vorbestimmter Ziele. Es besteht das Risiko, dass Ziele, die bereits vor einem halben oder ganzen Jahr festgelegt wurden, in der Zwischenzeit ihre Relevanz verloren haben. Außerdem wurden sie mit großer Wahrscheinlichkeit auf dem Weg an die Basis nach unten korrigiert, um am Ende trotzdem nur *fast* erfüllt zu werden.

Ein Unternehmen, das den entgegengesetzten Weg einschlägt, hat bessere Voraussetzungen weiter zu kommen und mehr zu erreichen. Indem im Jetzt und Hier agiert wird, erzielen die Mitarbeiter das bestmögliche Resultat in jeder Situation. Derjenige, der sich mitten im Geschehen befindet, kann es auch beeinflussen. Wenn sich hingegen alles darum dreht, vorzugeben und zu kontrollieren, kommt man nicht sehr weit. Bei der Endkontrolle kann es zu spät sein, noch etwas am Ergebnis zu korrigieren. Dann kann man schlussendlich nur noch feststellen, dass etwas nicht so gelaufen ist, wie es geplant war. Mittendrin und dabei zu sein, ist die einzige proaktive Möglichkeit das Resultat zu beeinflussen. Sich hinter allen anderen auf einen Hügel zu stellen und mit der ausgestreckten Hand in die Richtung zu deuten, in der die Armee marschieren soll, nennt man Generalführung. Sie funktioniert wunderbar für jemanden, der das Gefühl von Kontrolle behalten möchte. Aber es ist eben genau das – nur ein *Gefühl*. Von dem Augenblick, in dem der Befehl geäußert wurde bis hin zur Ergebniskontrolle, kann alles passieren.

Der Grund aus dem Unternehmen in kleinere Einheiten aufgespalten werden, ist dieses Gefühl der Kontrolle, das man dadurch gewinnt. Nicht unbedingt, weil man damit die besten Ergebnisse erreicht.

Konstante Vorwärtsbewegung

»Viele wollen von unseren Misserfolgen hören. Wenn ich kein passendes Beispiel geben kann, werde ich als unglaubwürdig abgestempelt. Jeder hört es gerne, wenn Chefs von ihren Fehlern berichten. Das ist ein Teil der öffentlichen Unternehmensführung. Ich kann davon erzählen, dass in unserem Geschäft die ganze Zeit über so viele Fehler begangen wurden, dass die Zeit gar nicht ausreichen würde, sie alle aufzuzählen. Aber das will keiner hören. Die kleinen Fehler zählen nicht. Sie sind uninteressant.

Bei Netlight denken wir nicht in Kategorien von »gelingen« oder »scheitern«, denn wir lassen es erst gar nicht so weit kommen. Wir scheitern die ganze Zeit ein bisschen. Nichts ist perfekt. Aber im gleichen Atemzug gelingt uns auch eine Menge. Die Dinge sind nun einmal wie sie sind, gezwungenermaßen weder gut noch schlecht. Und dann machen wir den nächsten Schritt.

Meines Erachtens macht das Unternehmen eine konstante Bewegung nach vorne. Die Dinge sind weder Schwarz noch Weiß. Man muss Sachen nicht als gut oder schlecht definieren. Darin liegt nichts Schlampiges oder Passives. Der Fokus liegt viel zu oft auf dem Entscheidungsprozess anstatt auf dem eigentlichen Handeln. Das Handeln gehört in den Mittelpunkt! Jede Entscheidung, ein wenig richtig, ein wenig falsch, führt zu einer

Situation, die neues Handeln erfordert. Genau da passiert es! Genau da kommt »Sense and Respond« zum Einsatz. Es ist das Proaktivste, das man sich denken kann – eine Handlung führt zu einer nächsten und bildet so eine Handlungskette, die auf dem jeweils vorausgegangenen Resultat beruht – ein wenig gut, ein wenig schlecht – und die am Ende zum bestmöglichen Ergebnis führt. Das andere ist das Passive – die Entscheidung in den Vordergrund zu stellen, über das Handeln, um später diese untergeordnete Handlung zu beurteilen in Kategorien von »gelungen« oder »gescheitert«.

»Sense and Respond« dreht sich um Nähe und darum, dass man als erfahrenes Vorbild *mit allen* anstatt *über alle* bestimmt. Im Zusammenhang mit Führungsprinzipien wird »Delegieren« oft als Ehrenbezeichnung betrachtet. Als ein Symbol für das Vertrauen der Führungskraft. Dies setzt voraus, dass der Chef sich aus dem Geschehen heraushält und die eigentlichen Aufgaben weitergibt. Beim Boid-Prinzip geht es nicht ums Delegieren und erst recht nicht darum, sich zu distanzieren. Es ist im Gegenteil wichtig, dass Vorbilder präsent sind und für jeden zugänglich, um die Arbeit zu unterstützen. Das ist nicht gleichbedeutend mit Mikromanagement, bei dem man sich überall einmischt und das ausschließlich in einem bürokratischen Umfeld funktioniert. Die Verantwortung liegt immer bei demjenigen, der am nächsten am zu bearbeitenden Problem dran ist. Zugleich hat man immer die Möglich-

Mensch

Das Bild des Vogelschwarms sagt viel über die Unternehmensstruktur aus, aber wenig darüber, wie Netlights Mitarbeiter im Alltag miteinander umgehen. Jedes Individuum sollte danach streben, ein Vorbild zu sein. Aber wie sollen sich die Mitarbeiter zueinander verhalten?

Die Antwort kam während einer sogenannten Evolution-Review – einer Art gemeinsamen Feedbacks, das alle Mitarbeiter der Firma einbezieht, und das jeder Mitarbeiter mit seinem Mentor bespricht. Mit dessen Hilfe kann jeder Mitarbeiter seine persönliche Entwicklung für das nächste halbe Jahr oder Jahr planen. Dort, im Nebensatz eines Kommentars, schrieb ein Kollege dem anderen: »Im Jiddischen gibt es ein Wort, das dich beschreibt: Mensch. Schlag es gerne nach.«

Auf Deutsch verwendet man *Mensch* fast nur im biologischen Kontext. Im Jiddischen ist es hingegen kein biologischer Begriff, sondern es geht um den humanistischen Aspekt, *ein Mensch zu sein*. Das Wort hat keine religiöse Konnotation. Ein *Mensch* ist ganz einfach ein guter Mensch. *Mensch* ist ein ehrenvoller Begriff, nicht zuletzt im amerikanischen Vokabular, und kennzeichnet eine Person mit »persönlicher Integrität und Respekt gegenüber anderen«.

»Authentisch und zugleich wahrnehmend einfühlsam in einer Person« ist Netlights Definition von Mensch.

Derjenige, der authentisch ist, weiß was er will, hat gutes Selbstbewusstsein und gefestigte Wertvorstellungen. Derjenige, der wahrnehmend ist, hört vor allem auf seine Umgebung. Führen und Folgen.

Die beiden Begriffe erscheinen wie Gegensätze. Wir glauben, dass jemand, der sich seiner Sache sicher ist und seinen Standpunkt mit Verve in einer Debatte verteidigt, selbstsicher ist. Aber hinter einem solchen Verhalten verbirgt sich oft Unsicherheit. Nur eine wirklich authentische Person mit gesundem Selbstbewusstsein ist in der Lage, einfühlsam auf andere zu reagieren. Eine solche Person muss so mit sich im Reinen sein, dass sie es wagt, sich ihren Mitmenschen gegenüber zu öffnen und deren Meinungen zu akzeptieren, anstatt all ihre Kräfte darauf zu verwenden, ihre eigenen Ansichten durchzusetzen. Umgekehrt könnte man glauben, dass jemand, der keine eigene Meinung vertritt, einfühlsam ist. Aber dabei kann es sich um blinden Gehorsam handeln. Ein *Mensch* folgt niemals blind.

Traditionell teilen wir organisatorisch ein zwischen Führung und Gefolge und bilden so Gruppen. In der Boid-Organisation hingegen ist jedes Individuum ein Anführer und gleichzeitig jemand, der folgt.

In den meisten Organisationen herrscht eine andere Perspektive. Zum Beispiel erwartet die Mitarbeiter vieler Firmen, insbesondere in der Consultingbranche, bürokratische Regeln, wie sie sich auf der Arbeit zu kleiden haben. »Zehn Prozent besser als der Kunde« ist ein Paradebeispiel, das sowohl die Angestellten als auch die Kunden beleidigt und Zeugnis von Unsicherheit und einem veralteten Menschenbild gibt. Viele Unternehmen haben heutzutage solche Anweisungen abgeschafft und sagen stattdessen: »Zieht an, was ihr wollt«. Aber auch eine solche »Nicht-Anweisung« zeigt Unsicherheit.

In einem Unternehmen, in dem jeder Verantwortung für sich selbst und für andere übernimmt, in dem jeder führt und folgt, sollte die gleiche Aufforderung folgendermaßen aussehen: »Auf der Arbeit machen wir uns für einander schick und tragen die Kleidung, die wir selbst bequem finden.« Einfühlsam, weil das Gegenüber im Zentrum steht und nicht man Selbst, und authentisch, mit Absicht und Freiraum für sich selbst.

Liebe und Zugehörigkeit

Man könnte glauben, dass ein *Mensch* einfach nett und zuvorkommend ist, so als ob es darum ginge gefällig zu sein. Das ist falsch. Authentisch und einfühlsam zu sein handelt von Liebe. Lasst uns zur Familie oder dem Freundeskreis zurückkehren. Dort ist Authentizität und Einfühlsamkeit eine Voraussetzung dafür, dass Beziehungen funktionieren, damit die Gruppe kluge Entscheidungen treffen kann. Wir können eine bestimmte Auffassung davon haben, was wir machen wollen, oder wie eine Entwicklung ablaufen soll. Zugleich ist uns bewusst, dass wir auf die Menschen in unserer nächsten Umgebung hören müssen, weil wir uns wirklich um sie sorgen. Es geht nicht darum, sich zu verstellen, sondern darum einen Kompromiss zu finden, damit unser kleiner Schwarm in die gleiche Richtung fliegt. In einer liebevollen Beziehung wagen wir es, auch schwierige Botschaften zu äußern, weil wir sicher sind, dass es das Verhältnis auf lange Sicht aushält und wir so intelligente Entscheidungen treffen. Es gibt keine Manipulation in dem Ganzen, so nach dem Motto: »Jetzt höre ich dir ein bisschen zu, damit du mir dann auch ein bisschen zuhören musst«. Es gibt keinen Raum für Zynismus. Das System fußt darauf, dass ich dich wahrnehmen will, weil *du mir etwas Wertvolles gibst.*

Netlight zählt sich zu der wachsenden Schar von Unternehmen, die gerne über Liebe spricht und ihr

Geschäft darauf aufbaut. Das mag diffus klingen, aber derjenige, der sich auf liebevolle Weise tatsächlich um etwas oder jemanden kümmert, der Zugehörigkeit mithilfe von Liebe vermittelt, kommt viel weiter als derjenige mit einem von Angst geprägten Führungsstil. Im liebevollen Führungsprinzip findet sich sowohl Schönes, als auch Hartes, Verantwortung und Vertrauen.

4.
LUST STATT WETTBEWERB

Lust ist vielleicht die grundlegendste menschliche Antriebskraft überhaupt. Sie entsteht aus Liebe und dem Gefühl von Zugehörigkeit, in einer Umgebung, in der sich Menschen geborgen fühlen. In einer kleinen Gruppe, in der die Mitglieder auf ein gemeinsames Ziel hinarbeiten, in der man Verantwortung übernimmt und sich umeinander kümmert, sind Liebe und Zugehörigkeit eine Grundvoraussetzung.

Doch wie sieht ein liebevoller Arbeitsplatz aus, an dem jeder Einzelne ein Mensch sein kann?

Es wird zwar viel von »liebevoller Führung« gesprochen, aber Liebe ist eine Zutat, die im Arbeitsleben beileibe nicht selbstverständlich ist. Das hängt sicherlich damit zusammen, dass die meisten Organisationen immer noch an Maschinen erinnern. Die Mitarbeiter werden »programmiert«, als ob sie Roboter wären, um Leistung zu erbringen: »Wenn du das tust, bekommst du jenes.« »Wenn du gut arbeitest, bekommst du mehr Gehalt/einen besseren Titel«. Selbst wenn die Absicht dahintersteckt, die Mitarbeiter dazu zu bekommen, das Richtige zu tun, ist es nicht Lust, die diese motiviert, sondern die Angst nicht mitzukommen, etwas falsch zu machen, kein Teil der Gemeinschaft zu sein, aussortiert zu werden.

Zugegeben, Angst ist eine unerhört effektive Antriebskraft. Man kann sie leicht anfachen und einfach verstehen. Aber sie erhöht den Stress. Man kann damit seine Mitarbeiter nicht immer und immer wieder antreiben, denn dann gehen sie am Ende kaputt. Sie versuchen zwar, alles »richtig« zu machen, aber in der Praxis versuchen sie, das Risiko zu vermeiden, etwas Falsches zu tun, bis sie das Gefühl haben, es geschafft zu haben und es keinen Grund mehr gibt andauernd vorwärts zu sprinten. Es erklärt sich von selbst, dass derjenige, der sich darauf konzentriert, Fehler zu vermeiden, sich schwer damit tut, große Taten zu vollbringen. Trotz alledem sind die meisten großen Firmen mehr oder minder bewusst genauso gestrickt.

Für denjenigen, der sich traut, den liebevollen Weg einzuschlagen, gibt es unerhört viel zu gewinnen. Lust entsteht durch Liebe und Zugehörigkeit und ist eine deutlich stärkere Antriebskraft als die Angst. Sie generiert keinen Stress, sondern füllt die Energiereserven auf. Menschen, die durch Lust motiviert sind, können so weit gehen wie nie. Sie schaffen es, ihre eigenen und die Erwartungen anderer zu übertreffen, sie können so viel mehr tun, als nur »das Richtige«. Jemand, der nicht fliehen muss, kann viel weiter kommen als jemand, der zum Handeln gezwungen wird. Nur in einem liebevollen Umfeld ist es möglich, außergewöhnliche Resultate zu erzielen. Immer und immer wieder.

Im Geschäftsleben sticht die Liebe durch ihre Abwesenheit hervor. Sie fühlt sich in einer zynischen Kultur nicht wohl. Auch der Homo oeconomicus nimmt keine Rücksicht auf die Menschen um ihn herum.

Dass alle nur ihren eigenen Gewinn maximieren wollen, gibt ein stark vereinfachtes Bild des Zusammenspiels zwischen Menschen wieder. Die Nationalökonomen des 18. Jahrhunderts haben auch niemals behauptet, sie hätten eine Philosophie, die die Probleme der Welt löst. Sie versuchten nur einen Teil der Wirtschaft zu vereinfachen.

Smith entwickelte ein Model der Optimierung, nichts anderes, und gelangte zu der Schlussfolgerung, dass wenn jeder seine eigenen egoistischen Interessen an erste Stelle setzt, der maximale Gewinn am größten ist. Aber das funktioniert nur in der Theorie. Die Wirklichkeit ist viel komplizierter als das.

Außerdem gibt es vieles, das darauf hindeutet, dass Menschen mehr als alles andere vermeiden möchten, aus der Gruppe und der Gemeinschaft ausgeschlossen zu werden. Tief in unserem Inneren haben wir panische Angst, nicht dabei sein zu dürfen und einsam zurückgelassen zu werden. Wir sind keine vernünftigen, gefühlskalten und rücksichtslosen einsamen Wölfe, haben aber trotzdem eine Kultur, die dieses Ideal verherrlicht, im Geschäftsleben geschaffen.

Wenn alle eingeladen sind

In einer Firma, in der alle gleichzeitig führen und folgen, gehören alle dazu. Keiner kann sich dem anderen entziehen und es ist nicht erlaubt, dass jemand ausgestoßen wird. Das Zugehörigkeitsgefühl ist wichtig für den Boid-Schwarm. Dass es so entscheidend und stark ist, bedeutet auch, dass das Gegenteil – also das Gefühl des Ausgestoßenseins – für denjenigen zur Belastung wird, der sich aus welchen Gründen auch immer ausgegrenzt fühlt. Es ist ein wenig so, wie zu einem Inspirationsvortrag zu gehen, nur um festzustellen, dass man der Einzige im Raum ist, der nicht inspiriert ist. Da kann Lust leicht in Angst umschlagen.

In einem traditionellen Unternehmen kann es einfach sein, mit dem Gefühl, ausgegrenzt zu sein, zu leben. Mitarbeiter erwarten nicht, dass sie aufrichtige Zugehörigkeit fühlen. Sie machen halt in erster Linie ihren Job nach den vorgegebenen Regeln. In einem organischen Konzern hingegen ist Inklusion sehr wichtig. Vielfalt ist nichts Außergewöhnliches, sie ist die Basis von allem. Hier geht es nicht, dass manche Mitarbeiter für sich bleiben, nur mit Gleichgesinnten verkehren, schlecht über andere reden, Leute ausgrenzen oder mobben. Keiner darf das Gefühl haben, dass er nicht zur Party eingeladen wurde. Es gibt schlicht keinen Platz für Arroganz und Gefühlskälte. Hier lässt sich roher Zynismus nicht als Schutzschild einsetzen. Denn schließt man in diesem

System nicht alle mit ein, finden keine Begegnungen statt und man kann keine Wertvorstellungen austauschen.

Gefolgschaft basiert auf einem echten Interesse an anderen (Einfühlungsvermögen). Ohne Vielfalt lösen sich Werte der Mitarbeiter auf und damit auch die Kraft der Führung (Authentizität). Die Bewegung verliert an Geschwindigkeit und Richtung. Wird Inklusion nicht ernst genommen, entwickelt sich die Vielfalt immer mehr zu Gleichmacherei, bei der der Stärkste gewinnt und ein Mob ensteht. Eine solche Kultur wird aber, wie bereits erwähnt, untergehen.

Dass das organische Prinzip der Unternehmensführung nicht an die traditionelle Struktur von Ebenen, die eine Pyramide bilden, erinnert, bedeutet nicht, dass es gar keine Struktur gibt. Bei Netlight gibt es wie bereits erwähnt ein Netzwerk, Consultingstufen und Prinzipien wie Dinge gehandhabt werden sollen. Das ist weder Bürokratie noch Anarchie. Noch ist es Konsens. Man könnte vielmehr das Gegenteil behaupten, dass es ein ziemlich hartes Führungsprinzip ist, und damit äußerst effektiv. Man kann es mit der Dynamik auf dem Schulhof vergleichen, die ebenfalls das Risiko von Mobbing in sich trägt. Ein gut geführtes organisches Unternehmen muss sich dessen auf jeden Fall bewusst sein und darauf hinarbeiten, diese Fallstricke zu umgehen. Liebe und Zugehörigkeit sind allentscheidend, damit es am Ende nicht so ausgeht wie in William Goldings Roman *Herr der Fliegen*, in dem eine Gruppe von Schülern auf einer einsamen Insel strandet und der Machtkampf zwischen verschiedenen Anführern in Anarchie ausartet.

Netlights Führungsmodell ist nicht unkompliziert oder gar vollendet. Es ist nicht einfach zu implementieren und stellt nicht unbedingt die natürlichste und effektivste Vorgehensweise in allen Situationen dar. Manchmal ist die etablierte, traditionelle Art der Unternehmensführung gewinnbringender. Aber für denjenigen, der nach organischen Prinzipien führt, gibt es keinen Weg zurück. Der Schritt ist bereits getan, man kann nicht mehr umdrehen. Man befindet sich in einem Schwungrad in voller Fahrt.

Die unsicheren Leistungsmenschen

In der Geschichte von Harry Potter gibt es eine Person, die die ganze Zeit über am meisten weiß, die mehr Zeit mit der Nase in Büchern verbringt, als alle anderen und sich hinter Fakten versteckt. Während die Freunde Harry und Ron Risiken eingehen und durch Abenteuer stolpern, arbeitet Hermine hart und systematisch und ist oft diejenige, die die Situation rettet.

Hermine ist eine der in der modernen Literatur bekanntesten »Insecure Overachievers«, eine unsichere Perfektionistin, die nur auf Leistung bedacht ist. Eine solche Person lebt durch ihre Erfolge und gibt nicht auf, bevor sie Perfektion erreicht hat. Sie ist so maßvoll in ihrem Auftreten, dass sie bescheiden wirkt, jedoch in der Regel an mangelndem Selbstwertgefühl leidet. Sie ist niemals richtig zufrieden mit sich selbst und ihren Leistungen. Ein »Insecure Overachiever« arbeitet ständig, ist nie zufrieden und geht nie nach Hause.

Symptomatisch für die meisten dieser »Überleister« ist, dass sie eine enorme mentale Stärke und Reserven besitzen, die sie lange durchhalten lassen. Viele schaffen es sogar, diesem Druck über einen langen Zeitraum standzuhalten, ohne krank zu werden, die Lust zu verlieren oder zu sagen: »Stopp, es geht nicht mehr«. Mit anderen Worten: Sie sind perfekt für den Arbeitgeber – jeder will eine Hermine anstellen – aber sie tun sich selbst keinen Gefallen. Tritt man einen Schritt beiseite und betrachtet die Situation mit einer gesunden Portion Menschenverstand, erkennt man, dass eine Organisation voller »Insecure Overachievers« zwar eine Hochleistungskultur erschafft, aber auch die Grundlage für ständige, kollektive Bauchschmerzen. Viele sind gestresst, besorgt nicht reinzupassen und fühlen sich unzureichend. Auch wenn man es nicht unmittelbar an der Zahl der Krankschreibungen festmachen kann, so merkt man es mit Sicherheit an den Resultaten. Zudem werden die Mitarbeiter in Alphamännchen und Betamännchen eingeteilt, was das Teamgefühl nicht gerade fördert.

Netlight stellte lange Zeit diesen Mitarbeitertyp ein.

Kreative, smarte und wettbewerbsorientierte Menschen mit starkem Bestätigungsbedarf, immer bereit Überstunden zu machen und fest dazu entschlossen, die Kunden zufriedenzustellen.

Unaufhörlich zu arbeiten und niemals zufrieden zu sein wurde zum Ideal. Aber diese Menschen arbeiteten sich am Ende kaputt und der offensichtliche Zynismus dieses Prinzips kam zu Tage. Doch wie sollte das Unternehmen dieses Problem lösen? Wie sollte Netlight als Arbeitgeber verhindern, dass die Mitarbeiter sich kaputt arbeiteten?

Der erste Schritt bestand darin, den Begriff »Perfektion« umzudefinieren.

Unterschiedliche Welten

»Ich und drei Kolleginnen von Netlight waren im Lokal und aßen zu Abend. Wir unterhielten uns darüber, dass viele Mitarbeiter eine hohe Arbeitsbelastung erlebten. Meine Kollegen sagten: »Die Leute arbeiten so hart. Das ist nicht gesund. Wir haben eine Kultur geschaffen, in der man bis an seine eigenen Grenzen gehen muss, sonst taugt man nicht.«

Ich protestierte: »So ist das ganz und gar nicht.« Ich versuchte zu erklären, dass wir als Gründer des Unternehmens schon 1999 gesagt hatten, dass wir nicht wie die Strategieberater sein wollten, sondern eine menschlichere Alternative. Keiner sollte gezwungen sein, 50 bis 80 Stunden die Woche zu arbeiten, um *jemand* zu sein.

»Wir hatten uns bewusst entschieden, genau diese Art von Unternehmen nicht zu sein«, sagte ich.

Daraufhin erwiderten meine Kollegen, dass es »durchaus möglich war, dass ihr dass 1999 gesagt habt, aber das hat nichts mit der Firma zu tun wie sie heute ist«. Sie behaupteten das mit einer solchen Selbstverständlichkeit, dass es ein richtiges Aha-Erlebnis für mich wurde.

Es war keine bewusste Entscheidung gewesen, sondern hatte sich einfach so entwickelt. Wir waren ein erfolgreiches Hochleistungsunternehmen. Dies hing mit der Vorbild-Perspektive zusammen. Ganz Netlight basiert auf Gefolgschaft und Vorbildern. Wenn ich selbst eine solche Person bin, ein »Insecure Overachiever«, und es niemand anderen gibt, an dem man sich orientieren kann, dann verhalten sich alle wie ich. Wenn alle um mich herum sich auf genau dieselbe Weise verhalten, dann wird es automatisch so, auch wenn alle verstehen, dass sie nicht so arbeiten sollen. »Verdammt nochmal! Sie arbeiten in einem völlig anderen Unternehmen als ich«, dachte ich. »Und sie haben Recht.«

Insecure Overachiever« kann kein Ideal in einem modernen Unternehmen sein. Es ist nicht gesund, sich selbst oder andere so zu behandeln. Nach diesem Abendessen begannen wir damit, dies schrittweise zu ändern.«

Sich trauen,
unvollkommen zu sein

Nach Perfektion zu streben und sich achtsam um etwas Gedanken machen sind nicht dasselbe. Perfektion handelt von Angst. Die Angst zu scheitern, das Gefühl nicht zu taugen. Es geht um die Sorgen, die man sich macht, darum was passiert, wenn man etwas nicht fehlerfrei abliefern kann. Derjenige, der sich um etwas Gedanken macht, zeigt echtes Interesse und braucht sich nicht zu schützen, damit er nicht verletzt wird. Die amerikanische Wissenschaftlerin und Schriftstellerin Brené Brown zeigt dies deutlich in ihrem Buch *Verletzlichkeit macht stark*.

Sind Fehlerfreiheit und Vollkommenheit tatsächlich erstrebenswert in jeder Situation? Sicherlich nicht. Nicht wenn sie auf Kosten der Gesundheit und Arbeitskraft des Individuums gehen. Dass das Streben nach Perfektion etwas Positives darstellt, ist ein Mythos, der von der Wirtschaft unterstützt wird und eine Falle, in die man nur all zu leicht hinein tappt. Das liegt daran, dass vieles in der Wirtschaft Wettbewerb ist. Wir sprechen von Wettbewerbsvorteilen, Preiskämpfen und davon, dass eine Task-Force eine »Killer App« erfindet. Wir verbinden diese Begriffe schon gar nicht mehr bewusst mit dem Wettbewerbsgedanken. Wir sind so festgefahren, dass wir es nicht bemerken, bevor wir aufhören und beginnen, das Wettbewerbsdenken infrage zu stellen.

Derjenige, der nach Perfektion strebt, vergleicht sich mit anderen. Er sprintet voran, um weiter zu kommen und besser zu sein als alle anderen, anstatt im Hier und Jetzt anwesend zu sein. »Wir verschwenden unsere wertvolle Zeit im Jetzt und missachten unsere Gaben, jene einzigartigen Beiträge, die nur wir leisten können«, schreibt Brené Brown. Es spielt keine Rolle, ob wir uns als junge, hungrige Mitarbeiter hervortun wollen, oder einem Schönheitsideal gerecht werden möchten. Es handelt sich dabei um dieselbe Antriebskraft, die die Wirtschaft vollständig dominiert. Wir gewinnen, indem wir besser sind als andere. Jeder Erfolg definiert sich so und wird auf diese Weise beschrieben. In vielen Unternehmen sind die erfolgreichsten Mitarbeiter auch die Ehrgeizigsten. Ihr ganzes Leben ist ein Wettbewerb. Sie sind großartig darin zu gewinnen und es gibt ihnen einen Kick. In einer leistungsorientierten Umgebung funktionieren sie am besten.

Aber wer hat eigentlich behauptet, dass wir *gewinnen* müssen, wenn wir auf der Arbeit sind? Warum glauben wir, dass wir hoffnungslos verloren sind, als Einzelner und als Unternehmen, wenn wir aufhören miteinander zu konkurrieren?

Tatsache ist, dass der einzige Weg außergewöhnlichen – unvergleichlichen – Erfolg zu erreichen der ist, damit aufzuhören ständig zu vergleichen. Steckt man gedanklich in einer messbaren Welt fest, verliert man etwas, sobald der gegenseitige Wettbewerb verschwindet. Man sagt, dass es »das, was nicht messbar ist, nicht gibt«. Das stimmt nicht. Brené Brown beschreibt dies treffend in ihrem TED-Talk, der davon handelt, es zu wagen unvollkommen zu sein. Sie untersuchte den Begriff der »Scham« und erkannte, dass man Scham nicht messen kann. Diese Erkenntnis war eine Offenbarung für sie. Genau da drückt viele Menschen der Schuh. Es ist so schwierig mit dem Messen aufzuhören. Wenn wir aufhören uns mit anderen oder uns selbst zu vergleichen, sind wir verloren. Wir denken vielleicht sogar: »Na, dann können wir gleich aufgeben, wir brauchen uns keinen Millimeter mehr zu bewegen, weil ja sowieso nichts gemessen wird«. Aber wer bestimmt, dass sich etwas nur dann bewegt, wenn es messbar ist? Vielleicht bewegt es sich vorwärts, weil diejenigen, die dort arbeiten, es toll finden. Es ist eine Frage der Lust.

Netlight ist ein Unternehmen, das zum Großteil aus Ingenieuren besteht. Von einem Tag auf den anderen die Messlatte zu entfernen, für viele vielleicht die größte Motivation, funktioniert nicht. Die Veränderung muss schrittweise erfolgen, schleichend wie eine langsam wachsende Einsicht. Außerdem ist es ein Verhalten, das die ganze Firma durchdringen muss und nicht nur vom Chef kommen soll.

Arbeiten ohne Ziel

Das Streben nach Perfektion muss nicht die einzige Antriebskraft in einer modernen Organisation sein. Es liegt Stärke in der Akzeptanz der Unvollkommenheit und in der Einsicht, dass man unaufhörlich Anpassung und Verbesserung braucht. Das Meiste auf der Welt ist nicht perfekt. Es hat Schwächen und Dellen. Derjenige, der dies akzeptiert, hat kein Problem damit, etwas ad acta zu legen und hinter sich zu lassen, auch wenn es noch nicht vollkommen ist. Stattdessen sagt er sich: »Natürlich ist es noch nicht perfekt. Wie sieht also der nächste Schritt aus?« Es ist eine viel lustvollere Einstellung zu Entwicklung: »Es ist immer noch nicht perfekt – Hurra! – dann lass uns einfach weitermachen!«

Es geht nicht darum, völlig loszulassen, sondern, im Gegenteil, um Bewusstsein und Präsenz – um Verständnis. Der Trick ist, sich auf die Fahrtrichtung zu konzentrieren anstatt aufs Ziel. Bei Netlight gibt es sowohl Budgets als auch Kennzahlen, aber sie bilden nicht den Grundstein für Kontrolle. Sie schaffen vielmehr Verständnis dafür, wo Netlight wirtschaftlich steht und dafür, was das Unternehmen erreichen kann. Es ist nicht so, als ob das Controlling in einer Firma wie Netlight keine Rolle mehr spiele, seine Rolle könnte kaum wichtiger sein. Der Menge der Dinge, die man analysieren kann, um seine eigene Unvollkommenheit zu verstehen, seine Entwicklungsmöglichkeiten zu erkennen und vorwärts zu bewegen, sind keine Grenzen gesetzt. Liegt der Fokus auf konstanter schrittweiser Entwicklung, dann gibt es kein klar definiertes Endziel. Das Gefühl unzureichend zu sein und niemals richtig fertig zu werden, wird dadurch überflüssig. So kann man auf positive Weise nach Perfektion streben – wenn man sich darüber klar wird, dass es sie nicht gibt – und ist immer für neue Möglichkeiten offen. Mit diesem Gedanken im Hinterkopf können wir weiter in die richtige Richtung laufen in dem Bewusstsein, dass wir niemals ankommen werden.

Unvollkommenheit zu akzeptieren bedeutet nicht, in die Knie zu gehen und eine Niederlage einzustecken: »Aha, dann sind wir jetzt wohl fertig? Besser als so wird's nicht. Schade!« Akzeptanz ist nichts passives. Im Gegenteil, um aktiv den nächsten Schritt gehen zu können, musst du zuerst akzeptieren, was du hast. Das ist die Grundlage des »Sense-and-Respond«-Paradigmas, das, wie wir im vorigen Kapitel diskutiert hatten, anstelle des »Predict and Control« steht. Derjenige, der akzeptieren kann, kann weitergehen. Der Punkt ist, dass man sich ständig vorwärts bewegt und Lust darauf hat. Das bringt die Räder ins Rollen.

Sich durch Zahlen nicht die Sicht verstellen lassen

»Viele glauben, dass ich Zahlen nicht mag. Aber Tatsache ist, dass ich Zahlen liebe. Mathematik war mein Lieblingsfach am Gymnasium und an der Technischen Hochschule. Meine Einstellung zu Zahlen unterscheidet sich jedoch von denen anderer. Für viele sind Zahlen ein Sinnbild für Fakten und Information. Sie sind richtig oder falsch. Doch so ist es nicht für mich. Zahlen sind nur ein Teil einer weitaus komplexeren Wirklichkeit. Sie sind ein wertvoller Unterbau, aber nicht das eigentliche Endziel. Sie sind nur ein Anfang. Zahlen können ein Bild zeichnen, eine Botschaft illustrieren, aber sie sind selten selbst die Botschaft.

Zahlen können dabei behilflich sein, eine relevante Hypothese zu einer Frage aufzustellen, die geklärt werden muss. Sie sind jedoch selten die Antwort. Diejenigen, die das glauben, kratzen nur an der Oberfläche. Ich denke an Neo im Film *Matrix*, der in der Flut an Zahlen Muster erkennt – eine Wirklichkeit, die hervortritt. Er sucht keine spezifische Zahl. Das »Predict-and-Control«-Prinzip zielt darauf ab, eine bestimmte Zahl zu verifizieren. Beim »Sense-and-Respond«-Prinzip tragen die Zahlen dazu bei, Verständnis für eine Situation zu schaffen, die geklärt werden muss. Ich mag Zahlen. Ich mag nur einfach kein ›Predict and Control‹.«

Zeit mit dem Wettbewerb aufzuhören

Netlight beschloss vor einigen Jahren, genauer gesagt im Jahr 2010, dass es ein Milliardenunternehmen mit der höchsten Wertschöpfung des Marktes werden solle. Es solle ein Talentmagnet werden. Bei Netlight gearbeitet zu haben, soll die Mitarbeiter begehrenswert machen. Dies resultierte in konkreten, messbaren Zielen, die »beweisen« sollten, wie ein erfolgreiches Netlight aussieht. Die Kampagne bekam auch einen Namen: *Apollo*. Einige Jahre später hatte die Firma ihre Ziele erreicht und wieder einmal »gewonnen«. Was sollte jetzt geschehen? Sollte man sich neue Ziele stecken?

Doch es gab Zweifel bezüglich dieses Plans, denn der Siegestaumel hatte sich nicht so recht einstellen wollen. Man war gesättigt. Neue Ziele würden keinen hinter dem Ofen hervorlocken. Die Messlatte noch höher zu legen inspirierte niemanden. Es wäre nur wieder dasselbe gewesen. Egal wie erfolgreich das Unternehmen war, der Wettbewerbsgedanke sollte nicht für die Zukunft sein.

Dass Netlight diese Phase Apollo taufte ist an sich schon entlarvend. Die Inspiration kam vom amerikanischen Weltraumprogramm, das als Ziel gehabt hatte, den ersten Menschen auf den Mond zu schicken und wieder nach Hause zu holen. Im Nachhinein betrachtet war das Apollo-Programm eines der größten »Insecure-Overachiever«-Projekte der Welt. Denn was sollte mit dem Programm geschehen, nachdem die USA auf dem Mond gelandet waren und Armstrong seine geflügelten Worte gesprochen hatte? Sollten sie weiter zum Jupiter fliegen?

Für Netlight gab es nichts mehr zu beweisen. Das Unternehmen war Marktführer, es war »auf dem Mond gelandet«. Es machte sich das Gefühl breit, dass es mit solchen Zielen jetzt endlich genug sei! Gleichzeitig war man Willens zu wachsen. Also war es eine reine Einstellungsfrage – wie sollte die Firma weiter wachsen? Es ging nicht mehr darum, sich mit einem neuen Konkurrenten zu messen. Es ging nun darum, den Begriff »Wettbewerb« ganz aus dem Vokabular zu streichen. Es reichte nicht »Win-Lose« zu »Win-Win« zu machen. Ein gemeinsames positives Resultat buchstabiert sich »Happy-Happy«.

Die Flucht vor dem Scheitern

»Ich musste schon immer gewinnen. Aber eigentlich nur, weil ich es nicht ertragen konnte zu verlieren. Anderen reicht der Kick des Gewinnens zum Überleben, ich aber war gezwungen zu gewinnen, um dem schlechten Gefühl des Verlierens zu entgehen. Ich musste Enttäuschung und Scheitern auf Abstand halten. Weil ich mich bei Netlight nur mit Siegertypen umgab, konnte ich meinen

Unwillen zu verlieren pflegen und meinen Kopf durchsetzen. Und die anderen kriegten immer wieder einen neuen Kick aus dem Gewinn. Doch diese Art von Leben war krank. Sie konnte unmöglich etwas Positives sein. Ich sah ein, dass die Tatsache, dass ich mich die ganze Zeit vom Risiko des Verlierens gejagt fühlte, keine Antriebskraft war – es war eine Flucht.«

Den Wettbewerb einzustellen, brachte einige Herausforderungen mit sich. Insbesondere für denjenigen, der ein Unternehmen voller unsicherer leistungsorientierter Mitarbeiter führte. Man erliegt leicht der Versuchung die Unsicherheiten der Mitarbeiter auszunutzen, um sie zu besseren Leistungen anzustacheln. Für die meisten wettbewerbsorientierten Menschen ist der Wunsch zu gewinnen eine positive Motivation und jeder Sieg verleiht einem einen Kick. Aber der Kick ist kurzlebig. Der Siegestaumel ebbt bald ab, der Glücksrausch verlässt den Körper und wird durch die Sucht nach einem neuen Kick ersetzt. Es ist eine unbeständige Arbeitsweise, die alles andere als einen gleichmäßigen Fluss im Unternehmen schafft. Hierin liegt ebenfalls eine Begrenzung: Derjenige, der sich in einem Wettbewerb wähnt, versucht einen Tick besser zu sein, als derjenige, der am Zweitbesten ist. So wie der Sprinter, der sich seines Sieges so sicher ist, dass er einige Meter vor der Ziellinie nachlässt, weil der nächste Gegner, keine Chance mehr hat, ihn einzuholen. Es besteht also das Risiko, dass der, der in dauernder Konkurrenz steht, niemals etwas wirklich Außergewöhnliches erreicht – denn es spielt einfach keine Rolle mehr, wenn man sowieso schon gewonnen hat. Gerne wird dabei auch das kleine Wörtchen »zusammen« vergessen – direkter Vergleich erfordert einen Gegner – und dadurch wird das gesamte Potenzial der Gruppe gehemmt.

Steht denn wirklich fest, dass eine Gruppe unsicherer Überleister schlechtere Leistungen bringt, wenn sie weniger Angst hat zu scheitern oder unzureichend zu sein? Im Mangel an Selbstbewusstsein liegt die Antriebskraft wohl nicht. Aber vielleicht ist es möglich einen Paradigmenwechsel herbeizuführen und ein Unternehmen aus »Secure Overachievers«, aus selbstsicheren leistungsorientierten Menschen aufzubauen, die Vertrauen ineinander haben.

Durch Lust motiviert, nicht durch Angst

Man kann kein vertrauensvolles Milieu aufbauen, wenn Angst den stärksten Antrieb darstellt. Das geht nur in einer Umgebung geprägt von Liebe und Zugehörigkeit, in der Zynismus nicht erlaubt ist. Demjenigen, der behauptet »ohne etwas ›Corporate Fear‹ kann man nicht gewinnen«, sollte man antworten, dass er »das Gewinnen doch lassen sollte in diesem Fall«. Zu gewinnen ist nicht das Gleiche wie erfolgreich zu sein. Und denen, die behaupten, »aber wir wären dann nicht so gut wie jetzt«, kann man nur sagen: »Doch, ihr könntet noch viel besser sein«.

Gewinnen oder verlieren – das sind Konzepte, die jeder versteht. Phrasen wie *Lust auf etwas haben*, *sich glücklich fühlen* und *erfolgreich sein* sind schwerer zu fassen. Wie bekommt man Leute dazu von diesen Konzepten ausgehend zu arbeiten? Der Schlüssel dazu liegt in den Vorbildern, von denen bereits die Rede war. Vorbilder machen Mut, unterstützen und inspirieren. Wenn wir sehen, wie jemand Erfolg hat, und verstehen, wie es dazu kam, können wir uns selbst weiterentwickeln. Noch besser ist, wenn uns das gemeinsam mit unseren Vorbildern gelingt.

Doch auch das Vorbildprinzip kann in einer Umgebung scheitern, in der Angst der wichtigste Faktor ist. In diesem Zusammenhang kann es genau den entgegengesetzten Effekt haben. Wenn es nämlich um Vergleiche geht, ist der Schritt zum Wettbewerb nicht mehr weit. Sind einige bessere Vorbilder als andere? Verhalten sich manche besser, leisten mehr, haben mehr Erfahrung? Sind einige ein wenig schneller und klüger oder unterhaltsamer und selbstbewusster?

Netlight vertrat lange das Vorbildprinzip als wichtigen Bestandteil der Führung. Aber dieser Gedanke, genauso wie vieles andere im Unternehmen, basierte auf dem Streben nach Perfektion, auf Konkurrenz. Von den Mitarbeitern wurde erwartet, dass sie zu denen, die fleißiger waren, aufsehen: *Da siehst du eine perfekte Person. Versuch so wie sie zu sein.*

Unsere Sicht auf den Vorbildbegriff veränderte sich mit der Einsicht, dass es einen fundamentalen Unterschied gibt zwischen Angst als Motivation und Lust. Versuchen wir als Vorbilder miteinander in Konkurrenz zu stehen, ergibt das keinen Sinn. Vergleichen wir uns mit anderen, vergessen wir völlig wir selbst zu sein, also authentisch – all das, was uns zum Vorbild macht. Ein Vorbild ist nur ein Vorbild, so lange es etwas in anderen hervorruft. Inspiration kann man nicht erzwingen. Es ist kein Sieg, den man erreichen kann. Und trotzdem ist es etwas Greifbares, etwas, nach dem man suchen, nach dem man streben kann. Eine Richtung, in die man fahren kann, ohne bremsende Nebenwirkungen. Ein inneres Leiten im Gegensatz zur traditionellen Steuerung von außen.

Ein Vorbild führt und folgt gleichzeitig, ist sowohl authentisch als auch wahrnehmend einfühlsam. Das Vorbildprinzip gilt nicht nur zwischen den Menschen. Es findet sich auch in jeder einzelnen Person wieder. Es macht sie nahbar und herausfordernd.

Sein eigenes Vorbild sein

Unter dem Hashtag #iamsociety findet man Bilder der 25-jährigen Marina Jaber, die durch Bagdad radelt. Was ihr als Frau nicht erlaubt ist. Jaber ist zu der Einsicht gelangt, dass sich die Gesellschaft nicht verändern wird, wenn sie es nicht tut – denn sie *ist* die Gesellschaft. Mittlerweile ist daraus eine Bewegung geworden. Nach dem gleichen Prinzip probierte Netlight das Konzept aus, dass ein Unternehmen niemals etwas anderes verkörpern könne als das Verhalten jedes einzelnen Mitarbeiters. Um das Verständnis dafür zu vertiefen, widmeten wir uns ein Jahr lang dem Thema *I am Netlight*. Dies beinhaltete unter anderem, dass alle Mitarbeiter ihre eigenen Wertvorstellungen untersuchen sollten. Es gipfelte in einem kollektiven Kunstprojekt – *I am Art* – welches illustrierte, wie das eigene Verhalten zu etwas kollektiv Größerem führen kann. Im erweiterten Sinne führen alle »Ich bins« zu einem »Wir sind [Netlight]«, das organische Unternehmen.

Im Schwarm muss jedes Individuum – jedes Boid – auf den Nächsten achten, ohne seine eigene Initiative und Antriebskraft zu verlieren. Mit anderen Worten, jeder Mitarbeiter bei Netlight wird dazu ermuntert, anderen zu vertrauen und sich gegenseitig zuzuhören, aber auch dazu, auf sich selbst zu hören und sich selbst zu vertrauen. Erst dann entsteht etwas Größeres, ein Ganzes, das größer ist als die Summe seiner Teile. Im

Grunde handelt es sich dabei um Authentizität. Nicht nur darum vorzuleben, was man predigt, sondern so zu sein wie man wirklich ist. Eine Person, die in sich selbst ruht, die echt ist, kann mit vollem Herzen in ein Meeting gehen und somit engagieren und inspirieren.

Ein Vorbild für andere zu sein ist natürlich kein schlechtes Ziel. Es kann sehr inspirierend sein. Aber die Mitarbeiter atmeten trotz allem erleichtert auf, als sie dazu ermuntert wurden sie selbst zu sein. Denn darin kann es keine Konkurrenz geben. Es ist nicht messbar. Vergleiche werden uninteressant. Diese kleine Verschiebung der Perspektive stellte sich als Erlösung für Netlights unsichere leistungsorientierte Arbeitstiere heraus: »Jetzt muss ich mir keine Sorgen mehr machen, ob ich überhaupt bei den ganzen Vorbildern dazu passe. Ich kann jetzt nur noch ich selbst sein.«

Schritt für Schritt

Im dem Buch *Tribal Leadership* beschreiben Dave Logan, John King und Halee Fischer-Wright wie ähnlich ein Unternehmen einem Stamm oder einem Clan sein kann. Das Gefühl der Zugehörigkeit stärkt den Stamm. Laut den Autoren befindet sich eine Firma oder Gruppe in einem von fünf Stadien. Im ersten Stadium kämpfen die Mitarbeiter gegeneinander. Sie verursachen

Skandale, bestehlen das Unternehmen und sind schlicht gewalttätig. Im nächsten Stadium sehen die Mitarbeiter sich selbst als Opfer. Sie haben das Gefühl, dass sie nichts beeinflussen können und reagieren defensiv, weil sie glauben, dass ihnen Befugnisse fehlen. Sie fühlen sich unterlegen und meinen sie taugen zu nichts. Das macht sie passiv und führt dazu, dass sie sich gegen alles auflehnen, was neu ist. Im dritten Stadium stehen die Mitarbeiter sich selbst am nächsten und platzieren sich an der Spitze. Sie behalten ihr Wissen für sich und kämpfen darum, der jeweils Beste und Klügste zu sein. Hier muss derjenige, der gut in etwas ist, ständig beweisen, dass er es kann. Unter den Mitarbeitern, die meinen »ich bin gut«, entsteht eine Dynamik, die vom Gedanken »… und du bist es nicht« gespeist wird. Im vierten Stadium ändert sich »ich bin gut« zu »wir sind fantastisch«. Die Mitglieder des Stammes, also die Mitarbeiter der Firma, freuen sich darüber, so zusammen arbeiten zu können, dass es zum Nutzen des Unternehmens ist. Sie brauchen sich nicht länger mit einander messen oder gegen eine Gruppe wetteifern. Alle sind Teil von etwas Größerem.

Man darf sich nicht vorstellen, dass Mitarbeiter von Schritt 2 (»Ich bin ein Opfer«) direkt zu Schritt 4 (»Ach, wie schön wir es doch miteinander haben«) springen können. Das Stadium dazwischen, in dem man sich wohl fühlt und als Kollege und Mensch wertgeschätzt wird, kann nicht übersprungen werden. Ein Mitarbeiter, der glaubt, er müsste ein »Wir sind fantastisch«-Gefühl entwickeln, und der versucht der Gruppe zu folgen ohne echte Zugehörigkeit zu spüren, wird eher Scham empfinden. Warum fühle ich mich ausgestoßen? Stimmt etwas mit mir nicht? Wenn sich ein Unternehmen nicht schrittweise von Stadium 3 zu Stadium 4 hin entwickelt, auf natürlichem Wege und von innen heraus, werden die Mitarbeiter sich weiter miteinander vergleichen. Sie werden miteinander wetteifern, auch wenn es darum geht, wer denn nun das größere Vorbild sei. Erst wenn die Mitarbeiter ihre eigene Mitte gefunden haben und sich in der Gruppe wohlfühlen, folgt der Gedanke: »So kann ich nicht weiter machen. Ich kann nicht die ganze Zeit mit den anderen konkurrieren. Es muss etwas Größeres geben.«

Knapp die Hälfte aller Unternehmen befindet sich bei Schritt 3, in dem Angst die Mitarbeiter beherrscht. Man kann dort verbleiben. Es ist absolut möglich, eine Firma auf diese Art zu führen, indem man die Konkurrenz unter den Mitarbeitern anfacht. Man kann eine feste Struktur auf diesem Gedanken aufbauen. Wenn solche Unternehmen auf andere schielen, denen es gelungen ist ein »Wir sind fantastisch«-Gefühl zu erschaffen, dann denken sie mit Recht: »Das muss mit der Firmenkultur zusammenhängen.« Um diesen Sprung zu wagen, müssen sie alles andere loslassen.

Das letzte Stadium, das fünfte, erreichen nur ganz wenige. Diejenigen, die es bis hierher schaffen, denken nicht nur »Wir sind fantastisch«, sondern »Das Leben ist fantastisch«. Dafür muss man sich voll und ganz auf die gemeinsame Vorwärtsbewegung fokussieren. Unternehmen wie Pixar und Apple haben es bis dahin geschafft, zumindest zu ihren Glanzzeiten waren sie Akteure, die ihre Branchen erschüttert haben. Gruppen, die sich im fünften Stadium befinden, können Dinge bewerkstelligen, die für andere Gruppen, denen es nur darum geht, den nächsten Konkurrenten zu übertreffen, undenkbar sind. Hier glauben die Mitarbeiter: »Lasst es uns tun, denn es ist möglich und wir glauben daran, dass wir dadurch die Welt verändern werden.«

Auf dem Weg an die Spitze

Jeder sieht es gerne, wenn Dinge sich entwickeln und nach vorne bewegen. Sogar Lust entsteht aus dem Gefühl von Fortschritt. Das nennt man dann für gewöhnlich Flow. Deshalb kann es gut sein, in regelmäßigen Abständen einen Blick zurück zu werfen. So wie man sich bei einer Bergwanderung ab und zu umdreht, um die Aussicht zu bewundern und zu sehen, wie weit man schon gekommen ist. *Wow, sind wir etwa diesen ganzen Weg schon gelaufen?* Statt ein Bild aufzuzeigen, das besagt, »über diesen Berg müssen wir rüber«, geht es darum, seine Kollegen dazu zu bewegen vorwärts zu schreiten. Gemeinsam immer weiter zu gehen und die ganze Zeit sein Bestes zu geben, aber auch manchmal zurückzuschauen und das erhebende Erfolgsgefühl zu genießen und darüber nachzudenken.

Stellt euch vor, der Weg auf den Berg wäre ein Wettbewerb. Die Mitarbeiter wären Rivalen und einige würden losrasen und hätten in kurzer Zeit eine weite Strecke zurückgelegt. Umso mehr Mitarbeiter wären später hinterher gekommen, enttäuscht von sich selbst oder frustriert, weil sie nicht gewonnen haben. Richtet man einen Wettbewerb aus, braucht man ein Ziel – *den Punkt dort oben sollt ihr erreichen*. Man kann schließlich nicht bis ins Unendliche miteinander konkurrieren. Vergleicht man das jetzt mit einer Situation, in der die Mitarbeiter gemeinsam den Berg besteigen, wo es kein Ziel gibt, und niemand festgelegt hat, wie weit sie gehen müssen und wie hoch sie steigen sollen. Die Situation ist gleich eine andere. Ist es nicht wahrscheinlicher, dass die Gruppe, die sich Zeit lassen kann, deutlich weiter vorankommt?

Nicht aufhören zu spielen

»Wie schafft man ein Gefühl des Erfolgs ohne Wettbewerb?

Bei Netlight gibt es viele verbissene Wettbewerbsmenschen, die es lieben zu gewinnen. Man kann im Alltag jedoch auf mehrere Arten miteinander wetteifern, ohne dabei um Zahlen oder Titel zu kämpfen. Unsere Konkurrenz ist mehr vom Typ »Wer bucht die meisten Meetings?« Wir wetteifern um Dinge, die lächerlich oder sinnlos erscheinen mögen. Es geht um die Freude, die man verspürt, wenn man etwas Konkretes geschafft hat. Wenn man als Berater mit ansieht, wie ein System überarbeitet und verbessert wurde und weiß, dass man beim Aufbau dabei gewesen ist – das ist ein großartiges Gefühl! Etwas Großes und Konkretes ist geschehen. Alle Projekte, an denen wir beteiligt waren, alles, was wir gemacht haben, gibt es in der Wirklichkeit und haben eine Bedeutung.

Viele Projekte haben eine lange Laufzeit und auf dem Weg braucht man ein paar Mikro-Wettbewerbe, um die Gruppe bei Laune zu halten. Eine Form von Gamifizierung, eine Möglichkeit den Alltag spaßiger zu gestalten und den bitteren Ernst aus dem Arbeitstag zu vertreiben. Wir gestalten vieles auf spielerische Weise. Insbesondere das, was sonst ziemlich schnell langweilig wird. Es ist ein Spiel, bei dem das Ergebnis egal ist oder auch wer gewinnt. So kann Leistungsdruck in Lust umgewandelt werden. Wir wetteifern nicht gegeneinander, wir spielen miteinander – ein Gesellschaftsspiel – und die Konkurrenz wird zur Gemeinschaft. Vor allem trauen wir uns zu verlieren. In der Welt der Spiele ist es oft »katastrophal« zu verlieren. Wir sterben und die Welt geht unter. Dann spielen wir das Spiel eben noch einmal. Die ständige Wiederholung führt dazu, dass wir unsere Angst verlieren. Stattdessen wird die Lust am Gelingen geweckt. Immer und immer wieder.«

Das Vorbildprinzip als Strategie

Mit der Zeit hat Netlight das Vorbildprinzip noch einen Schritt weiter vorangetrieben: Jeder Mitarbeiter soll danach streben, sein bestes Ich zu verkörpern, aber auch gemeinsam Vorbild sein. Der ganze Betrieb soll ein Vorbild für seine Branche sein. Genauso wie die Mitarbeiter aufhören müssen, sich miteinander zu vergleichen, müssen sie aufhören, dies mit Netlight und anderen Unternehmen zu tun.

Ein Vorbild zu sein wurde 2015 zu Netlights Marketingstrategie erklärt, als das Unternehmen die Konkurrenz buchstäblich hinter sich zurückließ.

Es ist nicht ganz leicht, sich nicht mehr mit der Konkurrenz zu vergleichen, sowie sich als Organisation bewusst dagegen zu entscheiden, in den Wettbewerb zu treten und nach äußerer Bestätigung zu suchen.

Aber zweifellos dehnt sich das Universum immer weiter aus, egal, ob wir zum Mond fliegen oder nicht. Diese universelle Antriebskraft – was ist das eigentlich genau und gibt es sie überhaupt? Das, was ihr auf der Erde am nächsten kommt ist die Evolution an sich, die unkontrolliert verläuft und nicht versucht, etwas zu beweisen, die aber auch nicht anhält.

Wenn jeder in einem Unternehmen danach strebt sein bestes Ich zu zeigen, authentisch und einfühlsam, dann wird die Firma als Einheit ebenfalls danach eifern. Das bedeutet, dass das Unternehmen als solches sich wie ein *Mensch* verhält. Diese Veränderung lässt sich vielleicht von außen nicht gleich sehen, aber man spürt sie tief im Inneren. Sie ist eine Art Geschäftsidee, die von innen heraus kommt.

Ein Individuum kann sein Verhalten von Grund auf ändern und somit seine Umgebung beeinflussen. Wer sagt, dass ein einziges Unternehmen nicht dasselbe tun kann? Es kann aufhören, sich mit der Konkurrenz zu vergleichen und stattdessen den gesamten Markt als einen Vogelschwarm betrachten – wenn auch einen ziemlich wilden.

Ein solches Unternehmen kann führen statt folgen, voranschreiten und inspirieren. Es kann zeigen, dass die Spielregen nicht in Stein gemeißelt sind, dass ein Unternehmen keine Maschine ist, dass es niemanden geben muss, der leitet und andere, die folgen und dass Angst nicht die einzige Antriebskraft ist.

Entweder – oder

Die Erkenntnis, dass das Geschäftsleben und die Arbeitswelt zum größten Teil auf Angst basieren, ist unangenehm. Es widerstrebt uns anzuerkennen, dass wir Gehaltsmodelle haben, die auf Angst fußen. »Wenn du das nicht schaffst, bekommst du keinen Bonus«. Wir nutzen die Panik der Menschen vor dem Scheitern aus, um sie zu höheren Leistungen zu zwingen. Wenn es in solch einem Unternehmen »Insecure Overachievers« gibt, die voran hetzen, dann wird es noch schwieriger dieses Model infrage zu stellen und aufzugeben.

Lust ist ein bedeutungsschwerer, aber auch schwammiger Begriff. Er gehört nicht in die Welt von Kennzahlen, Titeln, Positionen und Budgetkalkulationen. Im Zusammenhang mit der Geschäftswelt von Liebe zu sprechen, gilt immer noch als unseriös. Im besten Fall gilt es als Blendwerk. Es wird zwar oft von der Wichtigkeit gesprochen, die eine liebevolle Unternehmenskultur habe, aber was da wirklich gemeint ist, ist: »Zuerst arbeiten wir und danach können wir nett zueinander sein«. Ein Unternehmen muss keine Kultur *haben*, die Kultur *ist* das Unternehmen. Aus dem liebevollen Umgang heraus entsteht das Unternehmen.

Auch innerhalb der Fluglinie SAS, bei der Jan Carlzon bereits in den 1980er-Jahren für einen liebevollen Führungsstil plädierte, gab es mit Sicherheit große Ängste. Was sein Buch *Riv Pyramiderna* (wörtlich: »Reißt die Pyramiden nieder!« – auf Deutsch heißt das Buch *Alles für den Kunden*) eigentlich aussagt, ist eben nicht, dass »die Pyramiden eingerissen« werden sollen, sondern dass man »die Pyramiden auf den Kopf stellen« solle. Selbst eine auf dem Kopf stehende Pyramide ist ein Monument.

Ein angsterfüllter, hierarchischer Konzern, nach mechanischem Prinzip aufgebaut, kann robust und absolut erfolgreich sein. Die Angst zu versagen ist wie gesagt eine starke Motivation. Ein Unternehmen, das auf Liebe und Zugehörigkeit basiert, ist dahingegen ein mageres Konstrukt. Es braucht ständig neue Nahrung. Zudem ist es verwundbar. Ein Einzelner, der den liebevollen Weg wählt, macht sich verwundbar. Und das tut ein liebevolles Unternehmen ebenfalls.

In einem liebevollen Betrieb Rücksicht aufeinander zu nehmen, heißt auch einander vollends zu akzeptieren und sich achtsam zu kümmern. Und das nicht auf passive Art und Weise. Liebe bedeutet auch, das man Tacheles reden kann, sich mitteilt, Leute ermuntert und ihnen den Weg zeigt. Es geht darum, miteinander den gleichen Pfad zu beschreiten, trotz aller Schwächen. An dieser Stelle kommt Liebe ins Spiel: »Ich liebe dich, trotz allem.«

Wenn also jemand wagt, sich so emotional nackt zu zeigen, kommt ein anderer und lacht. Dieser jemand lernt daraus, dass er nichts mehr riskiert und sich mit allem schützen muss, was ihm zur Verfügung steht. Es ist nicht verwunderlich, dass viele Liebe und Zugehörigkeit ablehnen. Zudem können diese Eigenschaften schwer zu skalieren sein. Aber derjenige, dem dies gelingt, kann etwas unerhört Starkes erschaffen, ein außergewöhnliches Unternehmen, das andere bei Weitem übertrifft.

5.

DAS WERK, DAS WIR ERSCHAFFEN

Will man, dass etwas aus sich selbst heraus erwächst, von innen heraus, muss man einen Samen aussäen.

Storytelling, das Geschichtenerzählen als Methode, tauchte im Geschäftsvokabular um die Jahrtausendwende herum auf. Doch Geschichten in allen möglichen Formen gibt es bereits so lange Menschen sprechen können. Auf diese Weise wurde Wissen am Lagerfeuer verbreitet, bevor wir begannen unsere Gedanken aufzuschreiben, Bücher zu drucken und schließlich Datenbanken zu bauen, um dort alle Geschichten zu sammeln. Aus gemeinsamen Geschichten und Erzählungen wächst eine Kultur heran – auch die Unternehmenskultur.

Zu einer Zeit, in der der Zugang zu Daten lawinenartig anwächst, wird das Erzählen von Geschichten immer wichtiger. Denn Erzählungen berichten von Dingen, die Statistiken und Diagramme nicht vermitteln können. Wer Veränderung schaffen will, Mitarbeiter eines Unternehmens vereinen oder Wissen vermitteln, tut dies am besten mithilfe von Geschichten. Man steht nicht nur herum und berichtet »so ist es gewesen« oder »so geht das«, sondern man sorgt dafür, dass die Anwesenden etwas empfinden. Eine Geschichte ist so viel mehr als nur Worte. Es geht darum, ein gemeinsames Erlebnis zu erschaffen, das selbst zur Geschichte wird, die man im Unternehmen weitererzählt.

Geschichten zu erzählen inspiriert, vermittelt gleichzeitig Wissen und trägt dazu bei, dass Menschen sich näher kommen. Das Erlebnis, das die Zuhörer teilen, kann ihr Verhalten beeinflussen, ihr Denken und Schlussfolgern. Es ist leichter, in eine Geschichte einzutauchen, als in ein Diagramm oder ein Organigramm. In einem Unternehmen, das seine Existenz nicht ausschließlich auf Zahlen oder messbare Ziele gründet, kann eine Geschichte die Mitarbeiter dazu inspirieren, in die Zukunft voranzuschreiten. In einer konventionellen Firma weisen Strategiedokumente, Budgets und Arbeitsanweisungen den Weg. In einem organischen Betrieb sind Geschichten – und die Erlebnisse, die sie mit sich bringen – die wichtigsten Werkzeuge. Sie säen Samen aus.

Wir haben bereits über das Konzept von *einem* Netlight und über die Entscheidung, die Firma nicht in kleinere Einheiten aufzuteilen, gesprochen. Wenn ein Unternehmen noch klein ist, fühlt sich jeder jedem verbunden. Man kennt einander und man empfindet Zugehörigkeit zur Firma. Wenn das Unternehmen wächst, kann diese Gemeinschaft auseinandergerissen werden.

Üblicherweise umgeht man dieses Problem, indem man den Betrieb in kleinere Teile splittet, damit Zugehörigkeit leichter entstehen kann. Auf diese Weise entsteht ein Archipel isolierter Abteilungen, Projektgruppen und anderen Arbeitsgemeinschaften, die allesamt durch die Geschäftsleitung zusammengehalten werden. So funktioniert ein durchschnittliches mechanisches Unternehmen.

Obwohl Netlight wuchs und neue Niederlassungen eröffnete, die geografisch weit auseinander lagen, wollte es aber genau das nicht tun. Das sollte auch den Mitarbeitern vermittelt werden: Der Gedanke, dass etwas groß, aber zugleich auch nah beieinander sein kann. Wie sollte man diese Idee erklären?

Man fasste sie in drei Punkte, die unter anderem besagten, dass jeder im Unternehmen Rücksicht auf die Gesamtheit nehmen solle, auch wenn dies erforderte, einen Kompromiss einzugehen. Hierin unterschied sich Netlight nicht von anderen. Etliche Firmen, vielleicht sogar die meisten, haben ihre Kultur in Punktform zusammengefasst und sie im Büro zur allgemeinen Ansicht ausgehängt. Die Herausforderung besteht jedoch darin, sie lebendig im Unternehmen zu verankern. Die Punkte sollten relevant bleiben, auch nachdem sie an die Wand gehängt worden waren. Wie kann man sie für alle sichtbar machen, damit sie am Leben bleiben?

Netlight verfasste ein Abkommen. Die Liste der Punkte, die zusammenfassten, was alle im Unternehmen beachten sollten, um die gewünschte Rücksicht auf die Gesamtheit zu nehmen, verwandelte sich in das *The One Netlight Treaty*, das »Ein Netlight-Abkommen«. Und wo unterzeichnet man ein Abkommen? Natürlich auf Jalta. Es war auf Jalta, wo die Siegermächte des Zweiten Weltkrieges, Winston Churchill, Franklin D. Roosevelt und Josef Stalin, sich im Februar 1945 versammelten, um Europas Zukunft zu diskutieren. Auf der sogenannten Konferenz von Jalta unterschrieben sie ein Abkommen, in dem unter anderem festgehalten wurde, dass demokratische Wahlen in Deutschland und den befreiten Ländern Zentraleuropas stattfinden würden. Die von der Sowjetunion unterstützten Regierungen Polens und Jugoslawiens sollten mithilfe demokratischer Unterstützung umgestaltet werden (ein Versprechen, das die Sowjetunion bald brechen sollte).

Erfolgreich oder nicht, es gibt kein Abkommen, das aus historischer Perspektive entscheidender für seine Epoche war, als das Abkommen von Jalta. Alle erinnern sich an das Bild, auf dem Churchill, Roosevelt und Stalin auf einer Bank sitzen und verbissen in die Kamera lächeln.

Auf seiner jährlichen Konferenz 2011 reiste Netlight deshalb nach Jalta. Dort präsentierte man, was Netlight im Innersten zu *einem* Unternehmen machte und was dabei wichtig war. Danach unterschrieben Repräsentanten der verschiedenen Niederlassungen das Abkommen. Und es wurde auch ein Foto gemacht, auf dem alle auf einer Bank sitzen und in die Kamera lächeln. Genau wie 1945. Auf die Weise bekam Netlight sein eigenes Jalta-Abkommen. Das Original hängt heute in den drei größten Netlight-Büros.

Hätte die Firma die drei Punkte einfach an alle Mitarbeiter gemailt, hätten sie kaum diese Durchschlagskraft erreicht. So bedeuteten die Punkte etwas. Durch den Rahmen Jaltas, hatten sie an Wichtigkeit gewonnen. Das macht es leichter, sie zu verinnerlichen und schwerer sie von sich zu weisen. Man nimmt sie ernst.

Zweifelsohne ist es leicht ironisch, oder auch lächerlich bombastisch, nach Jalta zu fahren, um ein Abkommen zu unterschreiben, das man genauso gut auch im Intranet hätte posten können. Dadurch, dass man die Schärfe aus dem Ernst der Situation nahm, konnte man die Wichtigkeit des Abkommens viel leichter annehmen. Die Balance zwischen Ernsthaftigkeit und Witz erweckt die Botschaft zum Leben. Es ist eben mehr als nur ein Stück Papier. Viele Unternehmen beschweren sich, dass ihre aufgeschriebenen Punkte nicht funktionieren, weil es so schwer ist sie durchzusetzen. Das liegt daran, dass sie nicht im Unternehmen verankert sind. Viele organisieren ein Fest oder eine Veranstaltung, die der neuen Ausrichtung gewidmet sind. Aber wenn das Fest nichts bedeutet, kein Erlebnis ist und Samen ausstreut, dann schlägt auch nichts Wurzeln. Hierin liegt das Grundkonzept der Führung durch Werte, basierend auf Authentizität.

Je mehr Netlight wächst und je mehr Zeit verstreicht, desto größer wird das Risiko, dass die Geschichte des Abkommens von Jalta an Bedeutung verliert. Deshalb muss das Abkommen erneuert und seine Botschaft wieder hervorgehoben werden. Dass die Bedeutung verloren geht, heißt nicht, dass es nichts mehr wert ist. Es bedeutet denjenigen etwas, die dabei gewesen sind und es hat sie seitdem in ihrer Entwicklung auf der Arbeit geprägt. Diese Arbeit hat wiederum die Entwicklung Netlights geprägt.

Es geht nicht um die teure Reise

»Der Bericht über das Jalta-Abkommen ist im Grunde eine gute Geschichte. Man kann sie weitererzählen, sie ist visuell und ruft immer starke Reaktionen hervor. Es ist außerdem ungeheuer praktisch auf das Abkommen hinweisen zu können, wenn wir Netlight kurz beschreiben oder erklären sollen, wofür das Unternehmen steht. Mithilfe der Erzählung gelingt es uns ein Gefühl in uns selbst, bei Kollegen und anderen hervorzurufen, dass dies etwas ganz Besonderes, etwas »Großes« gewesen ist. Hätte das Abkommen die Form dreier Punkte in einer Powerpoint-Präsentation gehabt, wären sie mit Sicherheit zum einen Ohr rein und zum anderen wieder raus gewandert.

Das Abkommen von Jalta erfüllte eine wichtige

Aufgabe. Es machte eine abstrakte Idee greifbar. Darum geht es beim Geschichten erzählen. Es reicht nicht aus, ein Feuerwerk zu entzünden. Die Bedeutung des Inhalts muss gegen das Erlebnis aufgewogen werden. Ansonsten wird die Botschaft nicht von denjenigen verinnerlicht, die sie sich zu Herzen nehmen sollen. Das Große balanciert das Kleine – man spricht über etwas Konkretes und hebt es anschließend auf ein Niveau, das größer ist als das Unternehmen, wie zum Beispiel dadurch, dass man es in eine historische Perspektive setzt. »Das Kleine *hier*... hat *diese* Dimension.« So wird ein besonderer Augenblick geschaffen, ein Erlebnis, ein Gefühl.

Diese Augenblicke sind wichtig, denn sie geben jedem, der dabei war, ein gemeinsames Thema, über das sie sprechen können. Etwas zum Nachdenken, zusammen, aber auch für sich alleine. Nicht die teure Reise ist das Ding, sondern die Tatsache, dass die ganze Aktion etwas darstellt, was normalerweise nicht erreichbar ist. Zusammen sind wir alle ein Teil von etwas Unerreichbarem.«

Organisches Storytelling

Betritt man ein Netlight-Büro, wird man nicht von Fotografien mit Zugvögeln begrüßt oder von einem schönen Wald oder einem stattlich von innen herauswachsenden Baum. Nein, die Besucher treffen auf ein großes Plastikpferd. Das Pferd hielt Einzug während der Jobbörse der Königlich Technischen Hochschule von 2010, an der Netlight mitwirkte. Wenn man zu dieser Zeit intern über das Unternehmen sprach, verglich man es noch nicht mit einem Vogelschwarm – das Boid-Prinzip war noch nicht formuliert – sondern mit einem Zirkus. In einem Zirkus übernimmt jeder die Verantwortung dafür, etwas Gemeinsames zu erschaffen. Jeder trägt zum Gelingen der Vorstellung bei: Einer ist Direktor, andere sind Artisten, einige kümmern sich um die Tiere – und in der Pause gehen alle nach draußen und verkaufen Popcorn. Hinterher hilft jeder beim Abbau des Zeltes und dann geht es weiter zum nächsten Ort. Ein Zirkus ist frei von Geltungsbedürfnis und gleichzeitig hochprofessionell.

Das Zirkusmotiv war deshalb die selbstverständliche Wahl für Netlights Messestand während der Jobbörse an der KTH. Doch wie sollte man das am besten darstellen? Lebendige Affen mitzubringen, stand außer Frage, aber vielleicht ein Pferd? Ein lebendiges Pferd ging auch nicht, aber in einem Laden in Stockholm hatte einer ein Plastikpferd in Lebensgröße gesehen. Könnte das eine Möglichkeit sein?

Als sich die Türen der Veranstaltung öffneten, zierte Netlights Messestand ein Zirkuspferd mit einem Kopfschmuck aus lila Federn.

Danach wanderte das Pferd mit ins Stockholmer Büro, das damals noch recht klein war. Eigentlich gab es gar keinen Platz dafür. Das Pferd stand immer im Weg. »Wann entsorgen wir endlich das Pferd? Man kommt ja gar nicht mehr ins Büro!«, beschwerten sich einige. Andere begannen den Stellplatz des Pferds zu verteidigen und einen Grund für seine Anwesenheit zu suchen. Das Pferd als Symbol – wofür stand es? Sie kamen zu dem Ergebnis, dass das Pferd eine gute Metapher für Netlights Beratungsdienste sei, bei denen es wichtig ist, mit den Kunden zusammenzuarbeiten als nur ein externer Lieferant zu sein. Kunden und Lieferanten arbeiten unter den gleichen Bedingungen, aber haben unterschiedliche Stärken. Es entsteht ein Zusammenspiel, das an Pferd und Reiter erinnert. Das Pferd trägt den Reiter viel schneller ans Ziel, als es dieser selbst erreicht hätte. Auf dem Pferderücken kommt der Reiter auch viel weiter. Das Pferd selbst jedoch hat kein eigenes »Ziel«. Nur der Reiter hat eines. Das ist doch ein wunderbares Symbol für unser »Zusammen-kommen-wir-weiter«-Konzept.

Das Pferd durfte bleiben. Und nicht nur das, zwei weitere identische Pferde wurden gekauft und als Weihnachtsgeschenke an die Niederlassungen in Oslo und München geschickt.

Heute *ist* das Pferd Netlight. Das Pferd ist der ideale

Anker für die Mitarbeiter, um sich daran festzuhalten und darum herum zu versammeln in der immer größer werdenden Firma. Es ist das gemeinsame Gesicht für Netlights viele Gesichter. Bei Netlights eigenen Veranstaltungen ist das Pferd mittlerweile immer dabei. Alle erwarten, dass es anwesend ist. Es folgt Netlight, egal, wo es hingeht. Manch einer wird jetzt kritisieren, dass es ein Fehler sei, mit einem Symbol zu beginnen und es dann erst mit Sinn zu füllen. Aber das Pferd ist ein gutes Beispiel dafür, wie etwas aus dem Inneren heraus wachsen kann. Keine PR-Agentur hatte sich hier eingemischt, kein Berater oder eine Marketingabteilung die Initiative übernommen. Es gab keinen Masterplan.

Wofür das Pferd heute steht, ist schrittweise auf ganz natürlichem Weg entstanden. Zuerst erfüllte das Pferd einen praktischen Zweck, dann weckte es echte Emotionen. Mit der Zeit hauchte man ihm Leben ein. Man begann sich darum zu kümmern, sich damit zu identifizieren und darum herum zu versammeln. Seine Bedeutung wuchs ganz einfach von innen nach außen und tut dies immer noch jeden Tag und jedes Jahr. Ein Maskottchen hätte kaum denselben Stellenwert erlangen können.

Gemeinsame Symbole sind wichtig in einem Unternehmen ohne Wände. Sie fehlen den meisten Konzernen heutzutage. Es ist symptomatisch, dass die Bedeutung von Netlights Pferd mit der internationalen Expansion des Unternehmens einherging. Einem Büro in Oslo fällt es viel leichter sich mit dem Unternehmen als Gesamtheit zu identifizieren, wenn es von einem Pferd repräsentiert wird und nicht nur von einem Büro in Stockholm. Das Pferd ist ein gemeinsames Symbol, das Oslo genauso mit zum Leben erweckt hat wie alle anderen. So wurde das Pferd ausschlaggebend für Netlights Erfolg mit der »One-Firm«-Strategie.

Das Pferd ist ein Beispiel für das Geschichtenerzählen. Es ist eine Art physische Erzählung, ein Gegenstand. Beim Geschichtenerzählen geht es nicht nur darum, uns auf Worte zu beschränken. Das Pferd ist ein Katalysator für Erzählungen. Anstatt sich Geschichten auszudenken, hat Netlight eine Sache, von der Geschichten ausgehen. Vielleicht kann man es als organisches Storytelling bezeichnen.

Bei Netlight kursieren viele Geschichten über das Pferd. In München wurden zum Beispiel Bürostuhlrollen an seine Hufe geschraubt, als es zu einer lokalen Veranstaltung mitgenommen werden sollte. Das war eigentlich nur die pragmatische Lösung eines akuten Problems. Aber dass das Pferd Rollen bekam und somit leichter zu transportieren war, eröffnete ganz neue Möglichkeiten. Als man nach einem langen Arbeitstag im Dezember den Abend bei einem Glühwein auf dem Christkindlmarkt am Marienplatz ausklingen lassen wollte, nahm man das Pferd einfach mit. Alle fanden die Idee großartig, nur nicht die bayrische Polizei, die steif und fest behauptete, dass Plastikpferde den Marienplatz nicht besuchen durften. Die Sache gipfelte in einem Platzverweis der Polizei für das Pferd, was bedeutete, dass es den Marienplatz verlassen musste. Das Pferd hatte sich schlecht benommen. Dadurch wurde es noch lebendiger.

Der Zukunft einen Namen geben

In einer sich selbst führenden Organisation wie Netlight gibt es keine Strategiearbeit einer Führungsgruppe nach traditionellem Vorbild. Von den Mitarbeitern wird erwartet, dass sie selbst in der Lage sind, wenn sie vor einer Entscheidung stehen, auf die Frage nach dem *Warum* antworten zu können. Das heißt, dass sie die Absicht oder Strategie hinter einer bestimmten Vorgehensweise erklären können. Man kann aber natürlich einen gemeinsamen Kurs festlegen, der Entscheidungen beeinflusst und eine Richtung für das gesamte Unternehmen vorgibt, ohne dass ein Ziel gesetzt wird. Bei Netlight tut man dies, indem man jedem neuen Jahr an Weihnachten einen Namen gibt.

Diese Tradition entstand zu der Zeit, als Lehman Brothers gerade zusammengebrochen war und die Finanzkrise zu einer Tatsache wurde. Niemand wusste, was die Krise mit sich bringen oder wie lange sie anhalten würde. Das Unternehmen hatte mit letzter Kraft gerade so die letzte Wirtschaftskrise überlebt. Dieses Mal sollten alle vorbereitet sein. Um diese Bereitschaft bei allen Mitarbeitern zu wecken, rief man das *Jahr des Ninjas* aus. 2009 sollte Netlight von tödlicher Geschmeidigkeit geprägt sein, mit der man die Krise bekämpfen würde. Als das Jahr dem Ende entgegenging, war das Unternehmen gewachsen und hatte Erfolge verbucht, obwohl der Markt kollabiert war.

Ein Thema für das Folgejahr zu wählen – der Zukunft sozusagen einen Namen zu geben – ist eine Tradition, die bei Netlight noch heute am Leben erhalten wird. Jedes Jahr versucht man ein Thema zu finden, das prägend sein wird, und ein gemeinsames Bewusstsein dafür zu schaffen.

Es geht nicht darum vorzugeben, was gemacht werden soll, sondern darum, etwas innerhalb des vorgegebenen Themenrahmens wachsen zu lassen. Während des *Vogue*-Jahrs 2012 putzte man die Firma heraus, um nach außen die Kompetenz und den Stolz zu repräsentieren, den man im Inneren fühlte. Die Branchenkollegen machten mehr her, waren lauter und hatten eine schönere Oberfläche. Man sah Netlight seinen Erfolg nicht an. Das Unternehmen musste verschönert und ein bisschen glitzernder werden. Im *Wave*-Jahr 2013 zielte man darauf ab, die Balance zwischen dem Äußerem und der Tiefe zu finden, zwischen der Kraft der Wellen unter der Oberfläche und deren sichtbaren Schaumkronen, die die Umwelt wahrnahm. Der Gedanke, Netlight als eine Bewegung zu betrachten, wurde geboren. Damals besuchte ganz Netlight Venedig. Das *Unicorn*-Jahr 2014 setzte den Schlusspunkt einer Entwicklungsperiode in Netlights Geschichte, in der das Pferd zu einem magischen Einhorn transformiert wurde.

An Weihnachten 2014 wurde den Mitarbeitern schließlich das Boid-Prinzip vorgestellt. Niemals zuvor hat ein Begriff so viel Verwirrung verursacht – *Wie Boid?* Niemand hatte jemals davon gehört. Aber im neuen Jahr geschah plötzlich etwas und das Prinzip wurde von immer mehr Mitarbeitern angenommen. Das Bild des Vogelschwarms beschrieb etwas, was bereits vorhanden war. Eine Struktur, die nicht im Mindesten fremd erschien. Die Mitarbeiter entwickelten Begriffe wie »zu boiden« und »Boid Band«. Schritt für Schritt vertiefte sich das Verständnis davon, wie das Unternehmen funktionieren sollte. Zugleich fiel den Mitarbeitern auf, was *nicht* richtig lief, aber bisher unsichtbar gewesen war. Kein Jahr später wurde Erik eingeladen, einen TED-Talk über das Boid-Prinzip zu halten.

Die Namenswahl für ein neues Jahr ist mit der Zeit zu einem großen Ereignis geworden, in das alle Netlight-Niederlassungen involviert sind. Die Erwartungen sind hoch, da die Mitarbeiter in der Rückschau sehen können, was aus den vorherigen Themen wurde und wie das Unternehmen sich entwickelt hat.

Du bist die Inspiration

Manchmal möchte man die Mitarbeiter hochzerren und sie in die Mitte der Firma stellen, damit sie ihre eigene Bedeutung verstehen. In einem ausgesprochen anti-individualistischen Unternehmen kann es eine echte Herausforderung sein, jeden Mitarbeiter dazu zu bringen, ein Gefühl für seine eigene Wichtigkeit zu gewinnen. Es gibt nicht viel Gelegenheit dafür. Je größer das Unternehmen, desto schwieriger wird es, jedem Einzelnen die gleiche Aufmerksamkeit zukommen zu lassen wie dem Schwarm und der Gesamtheit.

Aus diesem Grund hat Netlight die *I am Netlight Experience* eingeführt, eine Aktivität, die den Mitarbeitern Wertschätzung entgegenbringen soll, die auf einprägsame Weise Netlight repräsentieren und das verkörpern, wofür das Unternehmen steht. In all seiner Einfachheit soll es den Kollegen, die besonders inspirieren, die Liebe der anderen zeigen. Zugleich soll es auch daran erinnern, dass Netlight nichts anderes ist als seine Mitarbeiter. Es ist eine Gelegenheit das Individuum zu ehren und den einzelnen Mitarbeiter auf eine Weise aus der Einheit hervorzuheben, die für alle zum Erlebnis wird.

Die *I am Netlight Experience* ist eine regelmäßig stattfindende Veranstaltung, die fast einem Ritual gleich kommt. In ihrem Rahmen werden ausgewählten Mitarbeitern Führungstrikots angezogen, so wie man es auch bei den Radrennen der Tour de France macht.

Für Außenstehende weckt dies eine Reihe an Fragen. Netlights Mitarbeiter sollen doch nicht miteinander konkurrieren? Wie bekommt man dann ein solches Trikot? Was sind die Spielregeln? In der Praxis heißt das, dass die Gruppe, die das Trikot im letzten Jahr hatte, versucht, die nächste Gruppe zu finden, die das Unternehmen repräsentieren kann. Die nächste Gruppe Mitarbeiter aus unterschiedlichen Beratungsstufen und aus verschiedenen Teilen der Firma, die aber zusammen eine Einheit bildet. Dieses Ereignis wird von gemeinsamem Gesang begleitet. Die Mitarbeiter singen zusammen das Lied *You're the inspiration*, Chicagos Hit aus den 1980er-Jahren.

Dass Hunderte Mitarbeiter freudig in Gesang ausbrechen geschieht nicht, weil jemand von oben oder von außen, ein Chef oder ein Unternehmensberater, entschieden hat, dass die Mitarbeiter zusammen singen müssen, um die Gemeinschaft zu stärken. Die Tradition zu singen, und zwar genau dieses Lied, ist auf natürlichem Wege aus dem Inneren der Firma gewachsen.

Der Anstoß dazu kam ursprünglich von den Mitarbeitern selbst. Die Tradition stammt, wie vieles bei Netlight, aus einer Zeit, in der das Unternehmen noch kleiner war, wo man Gemeinschaft und Zugehörigkeit leichter erreichte und alle einander nahestanden. Es begann auf einer Afterwork-Party während einer Netlight-Reise nach Åre. Jemand fand einen MP3-Spieler mit Musik. Auf diesem befand sich unter anderem das

Lied *You're the inspiration* von Chicago. *Das schnulzigste Lied überhaupt*, war die erste Reaktion der Gruppe. Aber dann kam jemand auf die Idee, dass es ausgezeichnet fürs gemeinsame Singen geeignet wäre und dass die Kollegen, die bereits Schlafen gegangen waren, mit einem Lied geehrt werden mussten. Wie in einem Lucia-Zug schritten die Netlight-Mitarbeiter umher und sangen *You're the inspiration* für ihre Kollegen, mit unerwartet positiver Resonanz.

Danach nahm man das Lied mit zum Monatsmeeting, auf dem einige Mitarbeiter geehrt werden sollten. Sie nur zum »Mitarbeiter des Monats« zu ernennen, erschien allen ein wenig zu »großkonzernig«. Vielleicht wäre der Effekt ein anderer, wenn alle für diese Mitarbeiter singen würden? Beim ersten Treffen, an dem das Lied gesungen wurde, nahmen zwei neue Mitarbeiter teil, die bisher nichts davon wussten. Es wurde zu einer Art Test – würden sie sich schwer tun, das zu akzeptieren? Nein, das taten sie nicht.

Doch wie war das jetzt nochmal mit den Führungstrikots? Wie kamen diese ins Bild?

Wie können die Mitarbeiter eines Unternehmens, in dem man nicht miteinander wetteifert, überhaupt so etwas für voll nehmen? Das hängt damit zusammen, dass auch diese Tradition in ihrer jetzigen Form aus eigener Kraft heraus entstanden ist. Im gleichen Takt, in dem Netlight wuchs, wurde es immer schwieriger nur eine Person hervorzuheben. Da kam jemand auf die Idee mit den Tour-de-France-Trikots, also den Führungstrikots in den verschiedenen Kategorien – das Rot-Weiß-Gepunktete, das Grüne und das Gelbe. Später folgte sogar das weiße Anfängertrikot. Als das Unternehmen wuchs und mehrere Büros umfasste, weitete man die Trikots auf zwei Sets aus. Nicht lange danach baute man eine Veranstaltung drum herum.

Das Risiko bei sich wiederholenden Aktivitäten ist, dass sie schnell langweilig werden. Wie hält man eine Veranstaltung wie die *I am Netlight Experience* am Leben? Es soll schließlich eine echte Ehre für die Mitarbeiter sein, die ausgewählt werden, und in der Verlängerung für das Unternehmen selbst. Wird es zur Routine, ist der Effekt nicht mehr der gleiche.

Bald kam man auf die Idee, die Ehrung zum Teil des Netlight-Summits zu machen, also des jährlichen Treffens aller Mitarbeiter, und den Rahmen dafür so dramatisch wie möglich zu gestalten. Als der Konzern ein solches Treffen in Moskau abhielt, versammelten sich 40 Kollegen auf dem Roten Platz und widersetzten sich somit der Aufforderung, sich nicht zu aufsehenerregend zu gebärden. Einige Jahre später standen Hunderte Mitarbeiter am Triumphbogen in Paris, dem Ziel der Tour de France. Weitere fünf Jahre später organisierte man einen 400 Mann starken Flashmob auf dem Markusplatz in Venedig, auf dem man neben dem berühmten Uhrenturm zu den Klängen von *You're the inspiration* etliche lilafarbene Ballons aufsteigen ließ. Für diejenigen, die im Zentrum der Aufmerksamkeit standen, wurde es zu einem einzigartigen Erlebnis. Und auch für alle anderen, die daran teilnahmen. Es war eine Herausforderung, gemeinsam einen inspirierenden Augenblick zu schaffen, bei dem das Individuum zählte, bei dem jedoch alle, die dabei waren, sich gleichzeitig als Teil des Ganzen empfanden, das größer ist als die Summe seiner Teile.

Mehr als nur eine gute Geschichte

Man kann keinen Berater engagieren, um die Art von Erlebnis zu schaffen, die Netlight anstrebt. Man kann jemanden engagieren, der Flugtickets kauft oder Hotelzimmer bucht, Anzüge mietet oder das Catering organisiert. Aber einem Außenstehenden die Verantwortung für die Planung eines solchen Erlebnisses zu übertragen, klappt nicht. Warum? Weil das Geschichtenerzählen Teil des Kerngeschäfts ist. Netlight bietet digitale Unternehmensberatung, aber der Kern des Geschäfts geht über die fachmännische Ablieferung von Resultaten hinaus. Dieses Buch zeigt die vielen verschiedenen Aspekte von Netlight – und jedes einzelne trägt zum Kundeneindruck vom Unternehmen bei.

Möchte man, dass etwas organisch wächst, muss alles aus einer Hand kommen. Outsourcing, so wie es viele andere Unternehmen bevorzugen, lässt sich nur schwer mit dem organischen Prinzip vereinbaren. Es ist besser für ein mechanisches Unternehmen geeignet, in dem die Teile voneinander getrennt und somit leichter austauschbar sind. Sollen Geschichten aber ein Eigenleben in der Firma entwickeln und daraus eine Kultur entstehen, erfordert dies eine Entwicklung von innen heraus. Das gilt natürlich nicht nur für das Storytelling. Wo andere Firmen oft externe Berater einsetzen, verschließt Netlight seine Türen. Auch wenn es um Vertrieb oder Personalrekrutierung geht, was viele gerne anderen überlassen unter dem Vorwand, man müsse sich »um das Kerngeschäft kümmern«.

Storytelling kommt der strategischen Unternehmensführung in einem selbstorganisierten Unternehmen am nächsten. Statt eine Maschinerie zu programmieren, schafft man Geschichten, die die Kultur beflügeln.

Diese Art von Storytelling ist mehr als nur eine gute Geschichte. Es geht eben darum, ein Erlebnis zu kreieren, das Gedanken und Gefühle hervorruft und zu neuen Geschichten inspiriert, die wiederum weitererzählt werden und die Botschaft zum Leben erwecken.

Das brennende Pferd

Netlights bisher vielleicht extremster Summit fand im Jahr 2016 statt. In der andalusischen Wüste Spaniens organisierte Netlight seine eigene Version von Burning Man, dem amerikanischen Festival, bei dem die Teilnehmer selbst, mithilfe von ein paar Richtlinien, über den Inhalt des Festivals entscheiden. Es werden Häuser gebaut und Kunstinstallationen, Workshops abgehalten und Konzerte arrangiert. Netlight nannte sein Gipfeltreffen *Burning Horse*. In der kargen Umgebung entblößte man Netlight bis auf sein innerstes Wesen – die Mitarbeiter. Es gab vegetarisches Essen und keinen Tropfen Alkohol. Nicht einmal Kaffee.

Das Treffen war gleichzeitig ein Führungsseminar. Natürlich auf Netlight-Weise. Für alle. Basierend auf dem Prinzip, dass alle führen und folgen. Der Hintergedanke war, allen Teilnehmern zu ermöglichen, ein *Mensch* zu sein – also authentisch und wahrnehmend einfühlsam zugleich. Statt davon auszugehen, dass alle Menschen unzureichend sind und geführt werden müssen, war unsere Absicht, die Fähigkeit zur Selbstführung bei jedem einzelnen zu stärken, wobei er sich selbst und seine Ausdrucksweise besser verstehen und so die Begriffe Authentizität und Einfühlsamkeit auf einer tieferen Ebene begreifen kann.

Die Mitarbeiter machten zum Beispiel Yoga, bei dem es kein unmittelbares Richtig oder Falsch gibt, und bei dem jedes Individuum nach einem Ideal strebt, dem es selbst nachfühlen muss. Beim Yoga wetteifert man nicht miteinander, vielmehr muss jede Person an sich selbst arbeiten, um weiterzukommen. Das Ziel von *Burning Horse* war, ein Gefühl dafür zu wecken, dass es möglich ist, immer weiter zu suchen.

Eines Morgens wurden die Mitarbeiter sehr früh geweckt und aufgefordert, ohne zu sprechen, ihre Yogamatten zu nehmen und in eine bestimmte Richtung zu gehen. Es gab keinen klaren Anführer, sie mussten sich aneinander orientieren. Und plötzlich fanden sie eine Richtung. Sich gemeinsam irgendwo hinzubewegen, ohne genau zu wissen wohin, war eine Offenbarung für die Teilnehmer. Sie fühlten sich wohl damit, nicht alles so genau zu wissen. Ihnen war klar, dass alle anderen genau so wenig wussten wie sie, was bedeutete, dass es nicht ums Prestige im Sinne von »Wer weiß was und wer weiß nichts?« ging. In aller Stille orientierten sie sich und die Übung nahm Form an, während die Sonne über den Bergen aufging.

Alle Mitarbeiter Yoga machen zu lassen, wirkt vielleicht ein bisschen extrem. Aber in den meditativen Elementen finden sich gute Werkzeuge für jeden, der sich selbst und andere führen möchte. Derjenige, der ein Unternehmen aufbaut, das auf »Sense and Respond« basiert im Unterschied zu »Predict and Control«, muss sich im höchsten Grade seiner selbst bewusst sein. Räumliche und zeitliche Präsenz sowie mentale sind wichtig. Mentale Präsenz kann man trainieren, durch Meditation und Achtsamkeit. Dieser Summit verdeutlichte jedem die Zusammenhänge.

Burning Horse war die bis dahin wohl provozierendste Veranstaltung. Der Grundgedanke war, die Mitarbeiter in einen Zustand zu versetzen, in dem sie sich ausgesetzt fühlten. Eine gängige Herangehensweise, um ein höheres Niveau an Selbstbewusstsein zu erreichen ist, die Gruppenidentität ausformen zu lassen, indem die Gruppe einen gemeinsamen Feind bekämpft. Hier ging es jedoch darum, den Blick nach innen zu wenden, von Vergleichen mit der Umwelt Abstand zu nehmen und sich damit wohl zu fühlen. Das Augenmerk war ganz auf das Verhältnis der Mitarbeiter untereinander gerichtet. Die Grenzen verliefen nicht zwischen Gruppen, sondern zwischen jedem einzelnen Individuum. Man sollte keine Angst davor haben.

Netlights Konferenzen können auf Außenstehende ein wenig übertrieben oder kindisch wirken. Aber es ist nur zum Teil eine Frage von Spiel und Spaß. Es ist im Grunde ein Versuch, den Einzelnen, die das Unternehmen bilden, sowohl die Oberfläche als auch die innere Tiefe der Firma zu erklären. Netlight wurde schon oft infrage gestellt und musste sich Ausdrücke gefallen lassen wie »die spielen Unternehmen«. Oder der Einwurf: »Das, was ihr macht, ist ja toll und ihr scheint Spaß dabei zu haben, aber das ist doch nicht ernst.« In einem organischen Unternehmen soll aber alles aus dem

Inneren kommen und da kann man den Mitarbeitern nicht vorgeben: »So soll es jetzt sein«. Es reicht auch beileibe nicht aus, eine noch so inspirierende Rede zu halten. Ihre Nachwirkungen halten nicht lange genug an, selbst wenn sie für einen Moment ein gutes Gefühl hervorgerufen hat. Soll etwas organisch wachsen und will man das irgendwie steuern, muss man eben Samen aussäen. Keimlinge, die die Mitarbeiter mit in ihren Arbeitsalltag nehmen können. Dort, im Rahmen ihrer Arbeit, soll der Samen heranwachsen. So kann man von innen heraus Einfluss ausüben und die Firma davon ausgehend aufbauen. So schafft man eine gemeinsame Sprache und eine Richtung, die das Unternehmen zusammenhält.

Gottes Daumen malen

Während des *Wave*-Jahrs besuchte Netlight Venedig. Die Mitarbeiter versammelten sich im Sala Superiore in der Scuola Grande di San Rocco, um sich einige der riesigen Deckengemälde anzuschauen, die dort während der Renaissance entstanden sind. Diese Werke waren nicht von einem Künstler allein hergestellt worden. Natürlich gab es eine Person, die herausragte, in diesem Fall Tintoretto, aber es waren seine Schüler, seine ganze »Scuola«, die die Kunstwerke gemeinsam erschaffen hatten.

Man kann Parallelen ziehen zwischen den Schulen

der Renaissance oder Andy Warhols Kunstkollektiv The Factory in New York und einer Netzwerkorganisation, in der die Mitarbeiter ebenfalls etwas gemeinsam erschaffen und einander dabei helfen, etwas zu errichten, das größer ist als die Summe seiner Teile. Jemand ist gut darin Filme zu machen, ein anderer ist visuell begabt, wieder jemand arbeitet gerne mit Texten, aber jeder trägt zu etwas Großem bei. Zusammen etwas zu erschaffen ist der eigentliche Punkt. Als Michelangelo die Schöpfungsgeschichte an die Decke der Sixtinischen Kapelle im Vatikanstaat malte, hielt nicht er allein einen Pinsel in der Hand. Die Arbeit wurde aufgeteilt. Mehrere erschufen gemeinsam ein Bild. Irgendeiner musste zum Beispiel den Auftrag erhalten haben, den Daumen Gottes zu malen.

Zeitgleich musste jemand die Verantwortung für den Daumen übernehmen. Für Netlight wurde der Vergleich mit dem Kunstkollektiv früh zum Keim des Verständnisses von einer Netzwerkorganisation. Kunst spielt bei Netlight immer noch eine große Rolle, aber im Kielwasser des Boid-Prinzips und durch die Sicht auf den Konzern als einen Organismus, hat sich eine der neueren Kunstformen als noch stärkere Metapher an die Spitze gesetzt: Graffiti. Im Grunde haben sowohl die »Scuola« der Renaissance als auch Warhols Factory deutliche Anführer. Es ist auch nicht ganz richtig, dass jeder zum Gesamtbild beiträgt. Einige tun nur, was ihnen gesagt wird. Warhols künstlerische Fähigkeit war groß, aber sein Werk hätte noch größer sein können, wenn mehr Leute Teil des Schaffensprozesses hätten sein können.

Graffiti wurde zur perfekten Metapher der Netzwerkorganisation. Graffiti ist ein Kunstwerk, das niemals endet, das niemals fertig wird und niemals nur *eine* Signatur hat. Graffiti, das nicht selten Kunst ist, die illegal auf öffentliche Gebäude gemalt (und oft als Schmiererei bezeichnet) wird, durchläuft ständige Verbesserungen. Ein Künstler setzt seinen persönlichen Stempel aufs Werk und dann kommt ein anderer und fügt Nuancen, weitere Lagen oder Details hinzu. Daraufhin kann der erste Künstler sich des Ganzen wieder annehmen, aber mit Rücksicht auf das Werk des anderen. So wird das Ergebnis immer besser je mehr Zeit vergeht und alles aufeinander aufbaut. Das ist ein Werk, das wirklich gemeinsam von den Künstlern geschaffen wurde – authentisch und wahrnehmend einfühlsam.

Das Konzept des Graffiti fand sich schon früh bei Netlight wieder. Bereits 2006 wurde eine Gruppe Mitarbeiter mit der Frage konfrontiert: »Wie hast du Netlight getaggt?«

Tags sind die Unterschriften unter den Graffitis. Die Frage, die man ihnen stellte, war also: »Wie habt ihr zum Gesamtbild beigetragen?« Die Mitarbeiter mussten darüber nachdenken, wo sie dabei gewesen und was sie getan hatten, das die Richtung des Unternehmens beeinflusst hatte. Welchen Teil des Kunstwerkes hatten sie erschaffen?

War Netlight von Anfang an eine kleine Truppe, die beisammen saß und Schmierereien an die Wände sprühte, dann ist es heute ein ganzes Künstlerstudio. Graffiti basiert auf dem Gedanken, dass es ein Werk darstellt, das offen für alle ist. Jeder kann es sehen, jeder darf dabei sein und zu seiner Entwicklung beitragen. Die Mitarbeiter können sich das Bild anschauen, sich Gedanken darüber machen, welchem Teil sie sich widmen möchten und dann weiter malen. Entscheidend ist, dass alle am Bild mitzeichnen können, das das Unternehmen darstellt. *Was kann gerade ich beitragen? Wo soll ich meinen Tag hinsetzen?*

Der Augenblick der Erkenntnis – egal, ob auf Jalta, in Venedig oder in der andalusischen Wüste – führt die Mitarbeiter dorthin, wo sie am großen Gesamtbild mit malen können.

Diese Momente öffnen ihnen die Augen für neue Arten des Miteinanders. Der Gesamtzusammenhang lässt sich jedoch nie beschreiben.

Bei Netlight etablierte man die Devise »Frag um Rat, nicht nach Erlaubnis«. Sie basiert auf dem Konzept von Führen und Folgen, aber auch auf dem Bewusstsein, dass die erfahreneren Mitarbeiter des Unternehmens wertvolle Perspektiven haben, die man nutzen muss. Sie können Details erkennen und erklären, woraus diese bestehen. Man braucht eine ganze Menge von ihnen. Personen mit gewisser Perspektive können sich manchmal am Gedanken aufhängen, dass die Version des Kunstwerkes zu ihrer Zeit aber viel besser gewesen ist. Dies geschieht unbewusst. Sie können nicht verstehen, dass die Firma sich entwickelt hat. Für einen älteren Mitarbeiter ist die Versuchung groß zu sagen »Rühr das nicht an«, wenn sich ein jüngerer Kollege mit Pinsel oder Sprühdose nähert. Entweder wird der Ältere vom Jüngeren überrumpelt oder der Ältere versucht mit »Nein, das ist aber *so*« zu überzeugen. Es gibt auch Personen mit Erfahrung, die einen Schritt zurücktreten und sagen: »Ich mische mich nicht ein«. Letzteres ist nicht gut, denn die älteren Kollegen sollen ebenfalls dabei sein! Ihr Beitrag ist es auf einfühlsame Weise ihre Perspektive mit einfließen zu lassen, damit dies den neuen Künstlern hilft.

Eine Alternative zur freien Teilnahme aller Mitarbeiter am Kunstwerk, wie und in welchem Umfang sie möchten, ist die Aufteilung des Werkes in unterschiedliche Einheiten mit der Vorgabe: »Hier kannst du dran weiterarbeiten«. Genauso wie Michelangelo es tat, als er einen Mitarbeiter bat, den Daumen Gottes zu malen. Doch hier sind wir wieder beim mechanischen System, in dem wir das Unternehmen in kleinere Teile und einzelne Abteilungen splitten, wo wir sagen »Das ist mein Geld« und festlegen, was jeder Mitarbeiter tun soll.

Die werteorientierte Führung will hingegen jedes Individuum es selbst sein lassen, sie will die Mitarbeiter und ihre Wertvorstellungen aufeinander treffen lassen, damit etwas Gemeinschaftliches entstehen kann.

Dann werden sie, so wie der Vogelschwarm, eine gemeinsame Richtung einschlagen.

EPILOG

Seit dem Beginn der Arbeit an diesem Buch wurde Netlight erneut für seine Erfolge und seine Führungsprinzipien ausgezeichnet. Anfang 2018 stellte es den tausendsten Mitarbeiter ein. Mit anderen Worten: Es läuft gut. Aber zu behaupten, dass »alles nach Plan« ginge, wäre falsch. Als die Firma 1999 gegründet wurde, gab es kein richtiges Konzept. Nur eine Clique gleichgesinnter Ingenieure, die ein Unternehmen aufbauen wollten. Besser gesagt, es gab viele Pläne, einer größer als der andere, aber keiner davon wurde umgesetzt. Stattdessen legten die Umstände die Basis für das, was sich später als Geschäftsidee bezeichnen lassen konnte. Die Tatsache, dass keiner der Freunde zum Zeitpunkt der Firmengründung über 30 Jahre alt war, zwang sie dazu Talent über Erfahrung zu stellen, zusammenzuarbeiten, um Probleme zu lösen, die ihre individuellen Fähigkeiten überstiegen und Technologie an der Speerspitze ihres Feldes als Spezialgebiet zu wählen – der einzige Bereich, in dem es keine Experten gab.

Neue Umstände haben Netlight entlang des Weges geformt. Das Boot wurde gebaut, während man darauf segelte. Ideen wurden geboren, ausprobiert und über Bord geworfen, um Platz für neue Gedanken zu schaffen, die sich ansiedeln, verbessern und entwickeln konnten. Das Unternehmen entwickelte sich dank seiner Fähigkeit den Umständen zu begegnen, sie in Chancen umzuwandeln und ein Bewusstsein dafür zu entwickeln, wie alles zusammenhängt.

Der Grundgedanke, die Firma organisch wachsen zu lassen, war von Anfang an vorhanden. Aber erst als das Schiff schon weit draußen auf dem Meer war erkannte man den Horizont. Es war kein revolutionärer Umbruch, sondern Evolution in ihrer mächtigsten Art und Weise.

Dass es möglich war, die Konzepte zu entwickeln, auf denen Netlight heute basiert, liegt an der Offenheit für ständige Veränderung. Genauso wie die Ausarbeitung und das Testen neuer Ideen, haben Mut und Lust am Experimentieren das Unternehmen geformt. Ganz nach dem Credo des Modernismus, dass alles Alte hässlich und alles Neue schön sei. Nur weil andere es auf eine bestimmte Art getan hatten, musste Netlight es nicht genau so tun. Keiner besteht auf der Vorstellung, dass es nur einen richtigen Weg gibt ein Unternehmen aufzubauen. Keiner hat gesagt: »Wir müssen Chefs haben, um das Geschäft zu führen.« Oder: »Wir müssen die Firma aufteilen, wenn sie wächst. Sonst verlieren wir die Kontrolle über sie«.

Es hat aber auch keiner behauptet, dass es *nicht* so sein muss.

Ein Aspekt des organischen Wachstums ist, dass man sich langsam seiner Umwelt anpasst und mit ihr verschmilzt. Evolution statt Revolution. Das hat Netlight verinnerlicht.

Was wollen wir damit ausdrücken? Dass es nicht nur ein Consultingunternehmen namens Netlight mit tausend Angestellten sein muss, das sich diese Denkweise erlaubt. Man kann sie auf jede Art von Unternehmen übertragen. Es ist möglich die Richtung zu ändern, auch wenn das Schiff bereits in See gestochen ist. Das kann sogar ein Vorteil sein. Je größer Ihr geworden und je weiter Ihr gekommen seid, desto größere Möglichkeiten und Kräfte entwickeln sich. Netlights Veränderung und Entwicklung war noch nie so groß wie jetzt. Gleichzeitig waren Sicherheit und Geborgenheit niemals stärker.

Das kann auch bei Euch funktionieren.

Entscheidend ist die Verankerung im Neuen statt dem Alten. Bei Netlight zeigt sich das unter anderem bei den sogenannten »Introlunches«, zu denen neue Mitarbeiter von einem erfahrenen Partner eingeladen werden. Das ist nichts, was es nur bei Netlight gibt. Viele vernünftige Unternehmen tun genau das Gleiche. Was bei Netlight anders und bezeichnend ist? Hier wird der Fokus umgekehrt. Statt dass ein Partner dem Neuankömmling alte Weisheiten predigt, wird der Neue darum gebeten zu erklären, warum er sich dazu entschieden hat, bei Netlight anzufangen. Auf diese Weise wird eine Brücke zum heutigen Netlight geschlagen. Man sammelt Erkenntnisse über die Firma, die sowohl für den neuen als auch den alten Mitarbeiter relevant sind. Die einzige »alte« Botschaft, die dem Neuankömmling ans Herz gelegt wird, ist die Aufforderung, sich demjenigen zu widmen, der nach ihm in der Firma anfängt. Dies ist die Fähigkeit, die ausmacht, ob ein Mitarbeiter nach einigen Jahren das Gefühl hat, dass Netlight früher besser war oder dass es im Gegenteil niemals so gut war wie gerade jetzt.

Kopiert so viel Ihr wollt von Google, Ikea oder – wer weiß, vielleicht inspiriert Euch dieses Buch dazu – von Netlight. Aber versucht nie genau so zu werden wie sie. Das Hier und Jetzt gehört Euch, genauso wie die äußeren Umstände. Ihr müsst sie bei den Hörnern packen, darüber im Klaren sein, woher Ihr kommt und eine Ahnung davon haben, wohin Euch der nächste Schritt führen soll.

Netlight widersetzt sich stur den üblichen Mustern der Geschäftswelt. Statt Maschinen, Krieg und Individualismus wählt es Natur, Liebe und das Künstlerkollektiv. Diese Botschaft konnten wir mit diesem Buch hoffentlich vermitteln.

Wenn Netlight eine Band wäre, dann wäre es Daft Punk, das französische Duo, das aus Thomas Bangalter und Guy-Manuel de Homem-Christo besteht. Fünfundzwanzig Jahre lang haben sie die moderne Dancemusic dominiert und mit Liedern wie *Around the World*, *Har-*

der, Better, Faster, Stronger und *Get Lucky* immer wieder erneuert. Das Duo war ein Pionier in der letzten großen Revolution der Musikbranche, nämlich der elektronischen Musik der 1990er-Jahre, nur wenige Jahre, bevor Netlight gegründet wurde und selbst zu Pionieren wurde in einer Zeit, in der die Wirtschaft sich vom Industrialismus zur Digitalisierung veränderte. Das Neue war so früh selbstverständlich für Daft Punk, dass sie eine Art Retro-Verhältnis zu einem Musikstil hatten, von dem die meisten noch dabei waren, ihn überhaupt erst zu entdecken.

Ungefähr genauso war es mit Netlight und der Digitalisierung beziehungsweise der Unternehmensführung.

Sowohl Netlight als auch Daft Punk haben im Grunde eine introvertierte Einstellung und suchen eher Inspiration und Energie bei sich selbst, als Bestätigung von ihrer Umwelt (was sich unter anderem darin zeigt, dass das Duo seit Jahren in roboterartigen Masken auftritt und seine Gesichter nie öffentlich zeigt). Genauso wie Netlight ist Daft Punk bekannt für seine Authentizität und Selbstbewusstsein. Bangalter und de Homem-Christo wissen, was sie wollen und achten darauf, keine Kompromisse einzugehen. Gleichzeitig sind sie wahrnehmend einfühlsam und lassen sich sowohl von der Gegenwart beeinflussen, als auch von der Geschichte, die sie zur Zukunft machen, um so Neuland zu entdecken, das sie mit anderen teilen. Ihre Arbeitsweise ist ebenso inspirierend wie eigen. In einer BBC-Dokumentation über

Daft Punk berichtet die Musiklegende Giorgio Moroder davon, wie er einmal das Musikstudio des Duos besuchte, um von seinem Leben zu erzählen (was aufgenommen werden sollte und dann die Einleitung des Tribute-Lieds *Giorgio by Moroder* auf der Platte *Random Access Memories* werden sollte).

Im Studio waren drei Mikrofone aufgebaut.

»Warum brauchen sie drei Mikrofone für ein Interview?«, fragte Moroder den Tontechniker. Zur Antwort bekam er, dass das erste Mikrofon sehr alt sei und den Teil des Interviews aufnehmen sollte, der sich um Moroders Kindheit drehte. Das zweite Mikrofon war aus den 1970er-Jahren und sollte den Teil des Gesprächs dokumentieren, der um seine damaligen ikonischen Aufnahmen ging. Und das Letzte war ein modernes Mikrofon und stand für die Zukunft.

»Aber wer hört denn da den Unterschied?«, fragte Moroder.

»Keiner«, antwortete der Tontechniker.

»Und warum machen sie das dann so?«, fragte Moroder.

»Oh, *sie* werden den Unterschied hören«, sagte der Tontechniker und verwies auf Bangalter und de Homem-Christo.

Daft Punk geht es nicht um Perfektion, sondern um Leidenschaft. Sie nehmen Musik todernst. Um sich nicht in Perfektion zu verlieren, bejahen sie spielerisch und mit Absicht die Unvollkommenheiten. Das hat das Duo weiter gebracht als alle anderen vor ihnen. Ihre Überzeugung ist enorm stark, ihr Streben unerschütterlich. Für sie ist das Lied *Harder, Better, Faster, Stronger* ein Manifest dafür, wie sie immer weiter die Musik der Zukunft erschaffen werden, während sie gleichzeitig vermutlich mit den Schultern zucken und sagen: »Wir sind trotz allem immer noch Menschen.«

Genauso wie Netlight.

ÜBER DIE KUNSTWERKE

Das Jahr 2017 trug das Motto *I am Netlight.* Es sollte die Mitarbeiter daran erinnern, dass das Unternehmen nur durch sie bestand, gleichzeitig sollte es alle dazu auffordern, die Verantwortung dafür zu übernehmen, Netlight zu erschaffen. Wir wollten unter anderem die kreativen Kräfte aus einer Führungsperspektive zum Leben erwecken. Um diesen Zusammenhang zu verdeutlichen, starteten wir das Kunstprojekt *I am Art* und heuerten die von Street Art inspirierte Künstlerin Emma Tingård für die Durchführung des Projekts an.

Vor dem Frühlings-Summit bereitete sie acht verschiedene Kunstwerke vor – auf Leinwand, alten Türen und sogar auf einem Fahrrad. Mit jedem dieser Werke bereitete sie die Grundlage, die eine Perspektive geben und zu einer Richtung inspirieren sollte, ohne die letztliche Form des Kunstwerks vorzugeben.

Während der zwei Tage dauernden Konferenz auf einer kroatischen Insel erhielten die 650 Teilnehmer die Gelegenheit, sich an der Ausformung eines Kunstwerks zu beteiligen. Danach nahm Emma sie wieder mit in ihr Atelier, um sie gemäß der neuen Form, die sie erhalten hatten, zu vollenden.

Als Netlight später im Herbst wieder zusammentraf, dieses Mal in Helsinki, gab es eine Vernissage und danach erhielten die Kunstwerke eine neue Heimat in den verschiedenen Netlight-Niederlassungen. *I am Netlight* wurde so in einem jedem der Kunstwerke verewigt, die nun alle Büros miteinander verbinden und die Spuren sämtlicher Mitarbeiter tragen, ohne dass eine einzelne Person ihnen ihren Stempel aufgedrückt hätte. Jedes Kunstwerk steht für das gesamte Netlight.